U0437109

五次重置

如何应对压力与职业倦怠

[美] 阿迪提·内鲁卡 / 著
（Aditi Nerurkar）

韩英博　王含章 / 译

中国友谊出版公司

序　言

5月的一个晚上，我接到了向来战无不胜的老朋友莉斯（Liz）的电话，听起来她张皇失措。

她向我倾述道："我不知道怎么了，一丁点儿运动的欲望都没有。"

现在对我们大多数人来说，不想运动可谓常态，但对我的朋友莉斯来说，这是一个天大的打击。自25年前我认识她的第一天起，她每天早上5:30准时从床上起来运动。她跑马拉松，参加铁人三项，还爬山（真正意义的爬山）。在整个研究生期间和12年的婚姻生活中，甚至两次孕期，莉斯都没有停止运动。她就像漫威漫画公司旗下的超级英雄，惊人的身体素质就是她的超能力。因此，那天晚上她打电话对我说她已经六个月没有运动时，我警觉起来。

莉斯告诉我："我也不是整天窝在沙发里伤春悲秋，所以，我肯定不是倦怠（burnout）。你了解我的，我很有韧劲。我只是想知道到底是怎么回事。"

我安静地听着，但作为一个对压力和倦怠有深入研究的哈佛大学毕业的医生，我听出了其话语中暗含着我熟悉的"复原力神话"——认为复原力就是只要埋头坚持就能挺过难关（见第一章）。她还说："我一直在坚持运动，从来不曾懈怠，但我感觉自己完全被掏空了。每天早上，我都是关了闹钟继续睡觉，什么运动都不做。"

我之前从没听她说她这么疲惫过。

她问："你觉得这是怎么回事？"

我的诊断很清晰，我告诉她："你处于慢性压力中，这属于非典型的倦怠。"

当然，她没有立即相信我。我又用了20分钟告诉她我掌握的关于压力的硬数据，又让她回答了一些我常问患者的问题。通过回答这些问题，他们可以给自己的压力打分，最低1分，最高20分（见第一章）。

尽管莉斯的意志力一向坚定，但她的压力测试得分却很高。她同时具备了慢性压力和职业倦怠的三个特征：被工作困扰、精神疲惫、运动习惯改变。我们聊到最后，她终于被说服了。

"我怎么解决这个问题呢？"莉斯问我，"我怎么做都没有用。"

我给我的朋友提供了一套简单可行的方案，帮助她改变生活方式。根据这个方案，她一次只需改变两个习惯。对她来说，这些改变既实际，又容易融入她已经安排得满满的生活，她给我打电话的当天就可以开始执行。

三个月后，莉斯又回到了每天早晨5:30起床、跑5千米的生活，而且没有再次倦怠。

在本书中，你会发现，我的每一个简单的科学建议是如何帮助我的朋友的，为什么它们可以帮助我的朋友，以及如何利用它们帮助你自己。在当代社会，产生压力和倦怠并不是偶然事件，而是常态。在一项美国全国性调查中，近75%的人认为，过去的几年是他们职业生涯中压力最大的阶段；超过70%的成年人认为，他们正在经历职业倦怠。

压力和倦怠是现代社会最大、最普遍的两个问题。好消息是，通过本书提供的一些实际可行、科学有效的方法，它们都可以被减轻。通过使用本书的技巧，再加上适量的自我照护，大概三个月左右，你就可以缓解压力和倦怠。

本书的技巧不是最新流行的那种让你一夜之间就可以完成修复或破解的方法，因为你的大脑和身体非常聪明，一眼就可以识别所谓的"破解者"。这本书提供的是可持续的、影响深远的、持久的习惯改变方法，以及一些强大的心态转变方法，让你可以从生理机能上彻底地消解压力。

与你的常识相反，有压力并不是意味着你无力应对日常生活，或者你作为人类很失败。压力是人类生活的正常部分。我的意思是，如果我那如同漫威英雄一般所向披靡的朋友都会有压力困扰，那么你也会有。

你也许被我们当代社会的"鸡血"文化误导了，认为压力是软弱的标志，是让人尴尬的东西，是需要不计一切代价掩饰和隐藏的事情。但是，我们的敌人不是压力本身，而是我们对压力的文化认知。让我为你揭穿所有这些关于压力的消极概念。

作为医生，我致力于研究压力、倦怠、精神健康和复原力相关的生物学。我深入研究了压力是什么，以及它如何时不时地对我们的健康造成影响。我发现了它为什么无法诊断，以及为什么目前提供的治疗方法只能暂时缓解压力，而不能一劳永逸地解决问题。

这是价值数十亿美元的健康产业不想让你知道的秘密：从生物学角度来说，没有压力的生活是不可能的。忘掉那些你读过或看过的虚假承诺——"如果你想拥有奇迹，永久性摆脱压力，就试试这个或那个产品"。这些都是虚假广告！

压力是生活中最大的悖论之一，它是我们作为人类最普遍的经历。而它非但没有使我们团结一心，反而将我们孤立起来，让我们在斗争中备感孤独。我在波士顿经营一所压力管理诊所期间，这一幕每天都在上演，但每次的表演者都只有孤零零的一位患者。直到我受邀向众多国际观众讲述我关于不健康压力的发现，以及有科学支撑的重置技术时，我才完全理解了压力悖论到底影响了多少人。

我有机会和千千万万来自各行各业的人交流，讨论不健康压力和职业倦怠对身心健康的影响。无论在哪个国家与人们分享我关于压力的研究，这些人都有一个惊人的相似之处：尽管他们的国籍、年龄、职业各不相同，但他们对压力的担忧完全一致。不管是亚洲流水线上的工人、欧洲的首席执行官（CEO）、硅谷的技术程序员，还是北美洲的保育员，他们对压力的定义都是共同的。他们努力应对工作角色的要求，以及作为父母、照顾者和伴侣的承诺；最重要的是，日常生活中不断变化的期望影响着他们的身心健康。就我的经验而言，这些压力模式在各种文化中都非常相似，有时，人们在提问如何缓解压力时，措辞都非常相似。

序 言

我们每个人的压力来源可能各不相同,但与世界各地成千上万的人交流后,我发现并总结了关于压力的五种情况。如果你在过去的几年里一直在与压力做斗争,那么很有可能你至少经历过其中一种情况,但也有可能你经历了全部。

1. 面对不确定性时,我异常焦虑;遇到不好的境遇时,我需要努力控制自己的情绪。
2. 我的身心都得不到休息,大部分时间都感到非常疲惫。
3. 我因一事无成而压力巨大,但是又觉得筋疲力尽,无法提高工作效率。
4. 在工作、家庭、社会中,我要扮演太多角色,已经失去了自我。
5. 深陷这么多个人和工作困难的旋涡,我找不到生活的目标和意义。

如果这五种情况中的一个或多个引起了你的共鸣,你可能会问:"为什么压力占据了我们的生活?"

真相是,压力是你生活中很自然的一部分,就像你会感到饥饿和困乏一样。压力是与生俱来的,是一种默认设置。它与人类的经验息息相关,没有压力的生活就像生活在水下,最终你要浮出水面换气。压力对人类来说不可或缺。压力不是敌人,它是每天早上让你从床上爬起来的动力,也是推动你一整天前进的动力。

你生活中的一切美好很有可能都是在一定压力下产生的。在健康的压力下，你成功毕业并找到了第一份工作，与现在最好的朋友开启了一段新的友谊；每个赛季你为你心仪的球队加油时，不可避免地会引入一些健康的压力；健康的压力甚至会推动你度过最喜欢的假期，并为下个假期做计划。健康的压力在生活中大大小小的方面都有指引作用。

适量的压力非常重要，因为这是对生活中多种需求的适应性反应（adaptive response），但这种良性反应只有在适度时才会发生，关键是弄明白你能承受的最高压力。

当压力与你的生活不协调、让你难以适应时，它就不健康了；当压力有了自主意识，成为一列失控的火车，它就难以控制和管理了。正是这种不健康的、失控的压力，危害了你的健康和幸福。

我的目标是帮你重置大脑，学习通过健康的界限管理压力，最终掌握缓解不健康压力所需的知识和技巧，这样，它就不会消耗你生活的各个方面了。没有人可以一劳永逸地消除你所有的压力，但是你可以摆脱生活中让你感到筋疲力尽、难以适应的不健康的压力。

本书中五次重置的方法是我基于帮助人们理解和缓解压力的大量经验研究出来的，它将教你如何"刹车"，如何减少失控的、不健康的、难以适应的压力，重置你的大脑和身体，让压力服务于你而不是伤害你。重置意味着什么？总的来说，通过重置，可以清除所有还未处理的错误，将一个系统恢复到最佳状态。正如你所知，你可以重置秒表、重接断骨或重启电脑。这本书包含了关于如何重置的见解、技巧和原则。

关于这五次重置，我对每一种重置都讲述了一些易于操作的方法。这些方法都是以我职业生涯中诊疗患者的真实记录和科学研究为依据的。我将借用他们的故事对本书提供的每种方法进行解释和说明。随着时间的推移,你会知道如何从内到外重新连接你的大脑和身体,减少压力,增加复原力。这五次重置为:

1. 明确事情的优先级。这样做可以培养正确的心态,让你的大脑和身体重新建立连接,让你集中精力。

2. 在喧嚣的世界中找到一丝宁静。你将学习到用最小的外部影响保护你心智带宽(mental bandwidth)的技巧。

3. 身心合一。这次重置将专注于一些简单有效的技巧,让你的大脑和身体在高压下可以更好地运作。

4. 喘口气。在这次重置中,你可以学到一些实用可行的技巧,将你新发现的、来之不易的智慧融入日常生活。

5. 展现最好的自己。这次重置将教你一种强大的新语言,让你的大脑和身体重新定义你与压力的关系。

在五次重置中,你会找到定义明确、实际可行的方法来配合你的生理机能,而不是对抗它。通过日复一日地练习15个具体的、有科学支撑的技巧,你可以重新连接大脑和身体,让它们焕然一新,大大减少不健康压力的负面影响。我为何如此肯定?因为我有幸见证了成千上万个患者的转变,我也希望你成为我的下一个成功案例。

也许你像我一样,非常注重自己的隐私。请放心,本书中我提到的每个技巧都可以在自己家中完成,或是私下悄悄完成,你周围的人甚至不会知道你在练习压力和倦怠管理技巧。你不需要腾出额外的时间,不需要报名健身馆,不需要买设备或任何特别的东西。本书中的技巧都是免费的、简单易行的，不会在你的职业或个人生活中引起任何不必要的注意。你在本书中读到的内容，只有一个作用：帮助你在应对压力和倦怠上取得巨大进步，培养正确的复原力，以及建立深层次的健康理念和幸福感。

在过去20年里，我帮助很多人度过了人生中最具挑战性的时期，减少工作和养育子女的倦怠、失去亲人的悲伤、新疾病带来的压力，并教会他们如何从内到外恢复和重建自我。毫无疑问，我们正在经历不确定的、快速变化的时期，这对我们的身心健康造成了巨大的伤害。我们自己，我们所爱的人、我们的工作场所、我们的学校，以及我们日常生活的几乎每一个方面，都面临着严重影响，更不用说整个经济形势和世界形势了。即使你觉得你的生活一团糟，我仍然深信你有能力站起来迎接此刻的挑战，并变得比以往更强大。你的时代由此开启。为此，我将分步骤提供一些简单的指导来帮助你实现这一目标。

我会陪你走过每一次重置，这样在走向目的地时，你会明确地知道压力是如何影响你的大脑和身体的。更重要的是，你也会明白怎样做可以感觉更好、更平静以及如何有力地再次掌握你的生活。每一个技巧都简单、实用、可行，能帮你调节生理机能，重置大脑，缓解压力，从内到外增强你的复原力。这些技巧，我自己在生活中及应对压力时已经全部应用过，因此我知道这些技巧带给我的巨大好处，也知道它们对我这么多年来照顾的患者提供的巨大帮助。结合我作为医生、研究者及患者（我将在第一章提到）的经历，我深知缓解压力的关键在于复原力，我在成千上百个患者身上也见证了这一推断。我相信，你也可以靠自身的复原力书写自己的故事!

经过20年的培训、临床工作和研究,我有幸近距离观察了人类的内部运行机制。我是许多故事的守护者:这些故事以压力和痛苦开始,但以坚持和胜利结束。如果你已经拿起了本书,你就已经迈出了减轻压力、增强复原力的第一步,也是最重要的一步。你可能已经被压力、倦怠和疲惫压了太多天;你可能想知道自己是否能穿过压力的黑暗隧道,回到一种感觉更有控制力、心态更好的生活中去;你可能不相信我。但我可以向你保证:如果你按照五次重置的方法执行,你的复原力故事一定非常精彩。就像我的朋友莉斯、"超级英雄"一样,你也会拥有复原力的"超能力",只是它现在还没有被你发掘,而我会帮你找到它。

目 录

序 言 / 1

第一章 你的压力要告诉你的是什么 / 1

复原力神话 / 13
煤矿里的金丝雀 / 16
茶壶和压力 / 21
压力悖论 / 23
全球压力与倦怠快照 / 25
为什么是我，为什么是现在 / 27

第二章 你的大脑如何看待压力 / 31

"两个法则" / 42
生活方式快照 / 46

第三章 第一次重置：明确优先级 / 51

步入成长型思维模式 / 54

穿越恐惧、学习和成长三个区域 / 56

行动的科学 / 60

你的终极目标反映了你的MOST 目标 / 65

反向计划，正向生活 / 69

追求幸福 / 73

两种幸福 / 78

什么让我们幸福 / 83

可能性的力量 / 91

第四章 第二次重置：在喧嚣的世界中找到一丝宁静 / 95

设计你自己的电子界限 / 101

爆米花脑（popcorn brain）的经典案例 / 106

媒体戒断 / 108

浏览信息的原始冲动 / 113

创伤的循环 / 117

自我养育 / 120

将睡眠作为一种干预治疗 / 122

睡眠—压力循环 / 126

睡前拖延 / 131

遭受睡眠剥夺的大脑 / 142

超连接就是断连 / 145

第五章 第三次重置：身心合一 / 151

建立身心连接 / 155

运动减轻大脑压力 / 166

细水长流 / 170

日常运动对大脑有益 / 173

你生活在大脑中吗 / 176

克服惰性 / 179

日常习惯的力量 / 182

避免决策疲劳 / 183

坚持散步习惯 / 185

把运动融入生活 / 187

肠—脑连接 / 189

肠道是压力管理的大门 / 194

你渴望的究竟是什么 / 198

健康饮食的黄金标准 / 202

第六章　第四次重置：喘口气 / 209

　　金发姑娘原则 / 214

　　多任务处理是个"神话" / 220

　　你的大脑喜欢分区 / 226

　　模拟通勤 / 228

　　仪式感的重要性 / 231

　　"书立"法 / 233

第七章　第五次重置：展现最好的自己 / 239

　　停止自责 / 243

　　感恩：从维克罗（Velcro）到特氟龙（Teflon） / 247

　　治愈性写作 / 252

　　一日一生 / 258

　　给自己的情书 / 261

第八章 捷径 / 263

你的大脑是如何做出改变的 / 266

相信改变的过程 / 268

温柔对待自己 / 271

选择未来的自己 / 273

追求进步而非追求完美 / 275

完美风暴和雨衣 / 277

致 谢 / 279

THE 5 Resets

第一章

你的压力要告诉你的是什么

我就算只是站着，也会汗如雨下；我昏昏沉沉；在我内心深处，一种全然陌生的情绪翻起惊涛骇浪，如同一群受惊的野马驰骋而过；我喘不过气来。

2007年的时候，我在被称为"美国最危险的城市"的一个心脏重症监护室里，不是作为患者，而是作为医生。那时，我平静而有条不紊地巡视患者，这是我过去两年每天都在做的事情。

我当时是主治医师，感觉一切尽在掌握，但其实我的身体正在悄然失控。我在一间病房的门口停下来，竭力尝试阻止我体内发生的一切，并认真地思考我是否才应该成为那间病房的患者。

和我一起工作的护士立即察觉到我不太对劲。她让我坐下来，给我拿了点儿橙汁。几秒钟后，那种窒息感过去了。我俩对此一笑了之，她说："可能昨晚夜班，又吃得少，低血糖了。"

前一天晚上是我值夜班，收了很多患者，我没时间好好吃一顿饭，没工夫喝水，甚至来不及上厕所——这对实习医生来说是家常便饭。但是，我还是觉得有点儿不对劲。这种感觉让我浑身发抖——字面意义上的发抖。我到底怎么了？

过去两年的实习中，我每周工作80小时，每三天值一个夜班。这个实习项目是我这样的年轻医生梦寐以求的，它让我们可以接触到现实世界，是理想的学习环境，但对于正在实习的医生而言，不可预测的残酷现实时常让人方寸大乱，有时甚至胆战心惊。一天晚上，我眼看着一个腹部中枪的孕妇被推进抢救室。这一场景令人毛骨悚然，但我们没有一点时间来平复心情。因为通常情况下，下一个情况危急的患者在等着救治，我们只能马不停蹄继续下一场手术。

在医院，但凡有几分钟的休息时间，我做的就是去自助餐厅拿一个凉的火鸡三明治和一杯超大杯咖啡因饮料，一边站着吃，一边在病历上做笔记。除了透过医院的窗户，我很少能看到阳光。如果不算我在病房之间来回奔走，那我从来不运动。我的睡眠非常不规律。如果值夜班的时候没有患者，我可以在值班室破旧的上下铺上休息几个小时；如果那天晚上很忙，我一分钟也睡不了。

那个时候，实习医生的工作环境就是那样的——没有多余时间处理任何事，不管好坏。对于实习医生的心路历程，我找不到合适的词语来描述。20年前，我的词典里甚至整个医学界都没有"自我照护""压力""职业倦怠"这种词。

我从来没有质疑过这一切，因为我想成为那种无所不能的人，就像我一直被教育的那样。

好几年前，在我还没有出现过心悸的时候，医学院的一位老师告诉我："阿迪提，宝剑锋从磨砺出，实习结束后，你将成为锋芒毕露的宝剑。"

我相信了他，并且对此深信不疑。我热爱工作带来的惊心动魄的紧张感，所以我在不知不觉中接受这个"复原力神话"（见下文）。它让我熬过了实习的每个阶段。看，宝剑正在打造呢！

但我的身体就是另一回事了。

在心脏重症监护室的那天，是我有史以来在清醒状态下第一次感受到那些"野马"的存在，谁料它们还尾随我回了家。晚上，就在我完全放松下来快要睡着的时候，我发生了心悸。我被这种恐怖的、突如其来的感觉吓醒了。大概过了半个多小时，我筋疲力尽，一点儿精神也没了，才昏昏沉沉地睡着。我被吓到了，但我对谁都没说，因为我以为这只是暂时的。我曾听说过"医学生综合征"这个词，即感觉自己有患者的症状。鉴于我在心脏重症监护室，接触的都是患心脏病的患者，也许我只是对自己过度关注了？

现在我已经知道睡前的心悸是迟发性应激反应（delayed stress response）的典型表现，但当时的我对此一无所知。感受到压力时，我们的大脑会启动一项神奇的功能加以应对：它会把眼下对自我保护没有帮助的、麻烦的部分隔离出去。但是当这种急性压力（acute stress）过去、事情稳定下来后，就像在睡觉时，我们的真实情绪就会浮出水面。这是过去的20年中，我在自己的患者和成千上万其他人身上发现的。但我第一次经历时毫无所觉。我的心悸持续了好几周。每天晚上，只要我躺下来睡觉，就会心悸。在心脏重症监护室的轮转结束后，我以为这个问题就可以解决。但事实并非如此，在一个又一个崩溃的夜晚，我的心悸依然继续。

这个问题一直解决不了，弄得我烦不胜烦。最终，我打破了自己的底线，去看了医生。我想找到一个快速的解决方案，让生活重回正轨，就像晚上没有"野马"在我心里狂奔之前那样。我非常迷茫，因为虽然我对身体的构造一清二楚，但依然诊断不出自己得了什么病。我决定直击要害，做个全身检查。我查了血，看是否电解质紊乱或被病毒感染，做了甲状腺激素水平测试和贫血指标测试，量了血压，测了心率，做了心电图，甚至还做了心脏超声。

对于检查结果，医生笑得非常灿烂，说："没什么问题，都在正常值范围。"

她开心了，我陷入了困惑。

"是不是压力太大了？"她送我出门的时候安慰道，"可能的话试着放松。我知道在实习期不太可能，我也实习过。"

我一点儿也没被安慰到。

我觉得那些症状不可能是压力引起的，说实在的，像压力这种无关紧要的事情，怎么会让我的身体有这么强烈的反应？这没有道理啊！在实习中，我已经闯过了那么多难关，为什么现在会突然受到压力的影响？我这样有韧劲的人，是不会有压力的！我以为我对不健康压力有免疫力。我以无与伦比的职业道德而著称，我非常喜欢这个标签，它就像荣誉勋章。所以，我绝对不可能被压力逼到绝境。我难以置信地离开了医生办公室，并没有找到解决困境的办法。

然而别无他法，我只能采纳医生的建议，尝试放松自己。只要我难得休息一天，我就会看电影、与朋友和家人共度时光、逛街，甚至去做水疗，但没有什么改变。每天晚上，只要睡觉，心悸依然会出现。

放松解决不了问题。我需要的不是消遣，而是答案。在医院连续工作了30小时后，我筋疲力尽，回家时路过小区附近的一个瑜伽工作室。心血来潮的我走了进去，上了人生中第一节瑜伽课。那时，我还穿着外科手术服。我伸展身体，扭动肢体，做出那些对我来说非常陌生的姿势，还学会了一些新的呼吸技巧。

那天晚上是几周来我睡得最香的一次。"野马"还是时不时出现，但它们不再那么激烈，持续的时间也不那么长了。是瑜伽课起作用了还是说这只是一个巧合？我需要找到答案。我决定验证一下我的猜测，开始每周上两次瑜伽课。我的老师也教了一些呼吸训练，让我在家里练习。这些都是非常简单的技巧，我可以在不改变日程安排的情况下，将其融入日常生活。平时上下班，我也开始步行。白天，我开始减少咖啡因的摄入，尽可能早睡。如果我不值班，睡觉时我会将手机静音。

尽管没有科学证据证明这些方法对我有帮助，但慢慢地，我感觉好多了。那些每晚都在胸口狂奔的"野马"开始慢慢变得像是在散步。

接下来的3个月里，即便每周仍然工作80小时，我也坚持每天散步，早早就寝，少喝咖啡，做瑜伽和呼吸练习。我的心悸一点一点地消失了，然后一天晚上，它们完全消失了，而且再也没有出现过。这件事发生在20年前，那些"野马"再也没出现过，当然，我也不想念它们。

通过测试对我来说全新的技术，我在压力的黑暗隧道中找到了出路，做出了生活方式的选择，即通过身心连接（mind-body connection）

来改变我的身体对压力的反应。我们的思想和感觉可以直接对我们的身体造成正面或负面影响（见第五章）。因为这一全新的经历，我想尽我所能保持良好的心态。

最终，我大脑内的科学家部分开始发挥作用了。压力到底给我带来了什么，以及我是如何找到走出压力的路的？我想找出我的经历背后的科学依据。我深入挖掘、广泛调查，阅读了所有关于压力的生物学资料。就像进入仙境的爱丽丝，我走进了一个充满活力的新世界，一个在我常规实习生活之外的世界。被压力困扰，这个地球上几乎每个人身上都发生过的最常见的现象，为什么在医生办公室里鲜少被讨论过，也少有人提供过真正的解决方案呢？

我知道下一步要怎么做了。在备受压力困扰、想寻求医生帮助时，我却求路无门，所以我想成为能够帮助自己的医生。我想为像我一样承受着压力煎熬的人提供一些明确的、科学的方法，让他们可以在繁忙的日常生活中加以运用，调整他们的压力，就像我自己做的那样。

我的确这么做了。

我向哈佛大学医学院递交了申请，被录取并获得了奖学金支持。在那里，我研究了压力的生物学和身心联系。在研究中，我有一个惊人的发现：尽管就诊人群中60%~80%有压力问题，但只有3%的医生会给患者提供压力管理方面的建议。我个人的就医经历与该调查一致，我打赌，你也一样。

你可能想知道，如果压力是造成身体症状和医疗问题的常见罪魁祸首，那为什么在传统的西医中它一直被忽视？你彻夜难眠、辗转反侧的时候，你的医生为什么不认为是压力原因？或者当你告诉医生每周日你和公公婆婆在一起时都备感不适，他为什么从来不说是压力原因？每周二的早晨你只要参加团队会议就感到脖子疼，这是压力过大造成的吗？

在当今社会，压力是一个流行词，新闻和社交媒体上随处可见。但是，在将失控的压力的负面影响与我们的医学症状联系起来这方面，还存在空白。压力仍然待在传统西方医疗体系的阴影中，没有成为中心话题，尽管几乎所有医生接诊的病例都包含压力因素。

只要有人问我，我的专长是什么，我就说"和患者谈论诊室里的大象（elephant in the exam room）①——他们的压力。我也关注慢性病的情感因素，并在高科技和高感触之间架起桥梁"。

很多临床医学应用最新的高科技治疗技术，这就是为什么我们的传统医疗体系是世界上最好的医疗体系之一。对于严重的、危及生命的病情，我对此体系举双手支持，因为这可以挽救数百万人的生命。但是，我们在强调高科技干预的同时，也需要对高科技治疗忽视的高感触予以同样重视。医生要把病人放在首位，把病情放在次位，让他们觉得自己的生活经历被看到、听到和理解，这在我们目前的医疗体系中很难实现。

这不是某个医生的失误。医生们每天都在想方设法帮患者渡过难关，整个医疗体系却难以实现这一目标。但这从来都不是个人的问题，

---

① 俗语"房间里的大象"通常指明显存在但通常被忽视或避免谈论的问题及局面，这里将"房间"改为"诊室"，表示压力普遍存在但被忽视的情况。——译者注（以下如无特殊说明，脚注皆为译者添加）

而是不完善的医疗体系的问题。大多数医生对此完全赞同。

　　幸运的是，医疗体系终于承认了"诊室里的大象"。因为近几年的全球性事件引起了很多人的重视，人们不得不意识到患者和医生出现压力及职业倦怠的数量达到了历史新高。医疗系统终于发现人们现在正处于压力的大流行之中。非常庆幸，我们终于意识到了这个现实。压力管理的观念在过去是奢侈品，而现在正逐步转变为身心健康的必需品。

　　如果你的医生没有过问你的压力问题，那不是因为他们没有意识到压力是你现在面临的首要问题；大多数医生只是没有时间、工具和资源直接解决你的压力问题，尤其是通过短暂的就诊期。他们需要首先排查患者是否患有亟须治疗的疾病。这些疾病可以列一长串清单，在此我仅列出三个最常见的——糖尿病、心脏病、癌症风险。研究表明，医生要将工作做到完美，一天至少需要工作27个小时。人们对医生的要求高得不切实际，每个医生都有很多工作要做，因此，医生把压力相关的谈话暂缓有什么好奇怪的？忽视压力对患者健康的影响，并不是个别医生的失败，在不堪重负的医疗体系中，他们已经尽了最大的努力。这是不健全的医疗体系造成的系统性失败，该体系将疾病护理的优先级置于健康护理之上。

　　传统的医疗组织终于承认，压力会对患者的健康造成巨大影响。2022年，美国的一个全国性专家小组一致认为，65岁以下的美国成人在看病时要进行焦虑筛查，因为不健康压力无处不在，而焦虑是最常见的与压力相关的疾病。这一历史性的决定可能有助于在不久的将来改变传统的医疗保健方式，但要在现行医疗系统中全方位建立对压力的认识，我们还要付出更多的努力。

除了分配给每个患者的时间太少，医生们还要面对的另一个巨大困难是压力没有一个放之四海而皆准的模型。每个人的压力表现各不相同，这使得从医学角度诊断和治疗变得更加困难。有的患者的压力可能表现为失眠、头疼或情绪波动，其他人的压力则可能表现为心悸、胃肠道不适或疼痛。压力的症状又模糊又多，也难怪医疗界将对压力的诊断称为排除性诊断（diagnosis of exclusion）——也就是说，在确定你的身体症状与"压力相关"之前，我们首先要排除所有其他可能的原因，比如心脏、肺、血液或脑部疾病。

如果你已经做了全身检查，医生告诉你一切正常，那么你的症状就可能是压力引起的。你和60%~80%的患者一样，压力引起了这些症状。还有发现表明，压力会加重几乎所有疾病，从普通感冒到更严重的疾病，比如心脏病。几乎每一种疾病，包括焦虑、抑郁、失眠、慢性疼痛、胃肠问题、关节炎、偏头痛、哮喘、过敏甚至糖尿病，都可能因压力而恶化。并不是说压力导致了这些疾病（从科学角度来说，这是不严谨的），但可以肯定的是，压力会加重它们。

通过这个短短的清单，你可能已经发现了一些符合自己情况的症状，或者你的症状不在该清单上。研究压力数年后，我非常笃定的是，压力多种多样，它是一个多重身份的表演者。它的表现形式既可以极度不寻常，又可以极度平常。有时，压力会以两种形式同时表现出来。但不管它以何种形式表现，我希望你明白你不是在孤军奋战。也许为了忽略一个或几个压力症状，你已经苦苦挣扎了很久，但还是失控了。你必须采取一些行动。

奥利维亚（Olivia）就是其中一个。她是全职妈妈，有三个正处于青春期的儿子。随着孩子们渐渐独立，和朋友聚会回来得越来越晚，她发现她的头痛越来越严重了。

奥利维亚告诉我："我之前只是偶尔头痛。现在孩子们到了青春期，让我压力倍增，我每个月都会头疼三四次。"

奥利维亚的医生已经对她做了一次全身检查，并做出诊断：她的头痛是压力引起的。但奥利维亚觉得这个诊断对她来说一点用也没有。她告诉我："我不是说他不对，而是这个诊断结果对改善我的头痛一点儿帮助也没有。我似乎被困在了泥潭里，必须不断自我调整以适应儿子们日渐独立。我觉得自己得采取一些预防措施，以防不好的事情发生，这让我一直不停地担心。他们却觉得我保护过度，一直想要就我制定的规则讨价还价。我最大的儿子17岁，最小的13岁。我必须强打起精神熬过去。但是要再忍受五年的头痛，我该怎么办呢？"

我看得出，奥利维亚快要崩溃了。

和奥利维亚一样，我们大多数人从小就被教导"吃得苦中苦，方为人上人"。我们错误地将其称为复原力。但我现在要告诉你：这不是真的复原力。从长远来看，经常被贴上复原力标签的东西，正是使我们身心俱疲的东西。这就是我说的伟大的"复原力神话"。

复原力神话

从严格的科学角度来讲,复原力是你与生俱来的生理能力,可以让你在面对生活的挑战时学会适应、恢复,并获得成长。但复原力不会在真空中发挥作用,它需要以压力作为媒介。

复原力可以被定义为"应对冲击,并保持与以前大致相同的运作方式的能力",这是一种健康的生理现象,但它常与毒性复原力(toxic resilience)混淆。毒性复原力是对复原力的曲解,包括很多不健康的行为,比如突破界限、不惜一切代价提高效率,以及企图靠意志力战胜困难的心态。这是劲量兔(Energizer Bunny)[①]心态,会让你万劫不复。现代世界建立的基础是毒性复原力:孩童时期,你会因为一直很坚强而受到表扬;成年后,坚强更是成为常态,不管你在家庭中、工作中、养育子女时、照顾老人时还是社区生活中。

在我的诊所里,我每天都会遇到有这种错误期望的患者。某个患者会带着大大的微笑走进来,他们看起来很快乐、放松、平静。但是,门一关,只有我俩时,他们就会不由自主流下眼泪。不管他们的年龄、职业或家庭背景如何,他们一旦觉得可以说出真正面对的压力,眼泪就像决堤的洪水。这太常见了,也是一个真实的指标,表明压力非常普遍;同时也表明我们在同压力抗争的过程中有多么孤独。毒性复原力的另一

[①] 劲量兔是著名电池品牌劲量(Energizer)发布的广告中的形象,颜色明亮,性格乐观,充满活力。

个方面是，我们羞于表达自己需要建议或帮助，因此，我们不到万不得已，不会寻求帮助。随着时间流逝，每个人迟早都会认识到这一点。

迈尔斯（Miles）在其妻子的强烈要求下才来见我，因为妻子担心他的睡眠问题。他每晚只能睡大概四小时，过去的几个月里，他忙得连轴转，两个黑眼圈挂在脸上。迈尔斯是软件工程部门的经理，有12名手下；家里有年幼的孩子；他还有其他健康问题，比如高血压。

他在我办公室的椅子上不安地坐着，熬着等会面结束。

他试图风轻云淡地说："看，我知道我妻子的担心，但我没事。我最近工作压力是有点儿大，你知道科技行业，我必须时刻跟上日新月异的变化，让我的部门跟上节奏。"

我说："如果睡眠不够，工作起来效率也不会高。"

迈尔斯直接忽略了这句话，说："听着，医生，我在大学是运动冠军。我每天早晨四点就起床运动——每天早晨！我习惯了通过努力取得成功。等我的工作回归正轨，孩子们再大一些，不那么依赖人以后，我应该就可以休息好了。"

"在此期间，我有一些非常简单的技巧，可以帮你改善一下情况。"

"我相信这些技巧对你的患者非常好。"迈尔斯说，"但我还行。我爸爸一天假都没请过，我自幼坚强、勇敢。我来你这儿，只是因为我妻子让我来。见到你很高兴，祝你工作顺利。"

我祝迈尔斯一切安好，看着他走出候诊室。

迈尔斯被灌输了毒性复原力的另一个错误观念：我们学会了告诉自

己,在不久的将来——我们不太忙了,孩子们长大了,我们完成了一个工作目标,我们有一周假期后,存款更多后,退休后——我们就可以自愈。遗憾的是,在最需要自我照护的时候,我们却给予它最少的关注。

毒性复原力存在很长时间了。在大萧条时期,政治家阿尔·史密斯(Al Smith)说过:"美国人从来不带伞,他们准备走在永恒的阳光下。""永恒的阳光"其实是一个需要承受很大压力的口号,但它对于褒奖有毒复原力的文化来说,却是一个完美的口号。本书不是教你如何在永恒的阳光下行走,这是不现实、不可行的,甚至不是永恒的。

与迈尔斯不同的是,你可能已经意识到生活中的压力和倦怠让你不堪重负了,你每天都想看到明显的改善。在接下来的章节中,我将为你提供所有你需要的工具,帮助你做出切实的、具体的改变。这样,你就能缓解不健康的压力,展现出你与生俱来的、奇妙的、真正的复原力。

煤矿里的金丝雀

我们通过一个小小的测验来重新定义一下你和压力的关系,帮助你找出最扰乱生活的问题。这个测验叫作煤矿里的金丝雀。

19世纪的煤矿工人下矿时会带几只金丝雀,用以监测空气中的一氧化碳浓度。矿道里的空气质量达到危险预警程度时,矿工无法感知,但金丝雀可以,于是矿工通过金丝雀的鸣叫声来判断。如果金丝雀出现异常甚至死亡,那么空气里的毒性就超标了。如果没有注意到金丝雀的叫声情况,矿工可能会在一氧化碳浓度超标的环境中工作,导致健康风险增加,甚至可能危及生命。金丝雀总是能在矿工遭受永久性的、持续性的伤害之前,在事态无法挽回之前,提醒他们。

众所周知,我们人类不太了解自己的极限,即使知道自己的极限,我们也经常超越它。我们每个人内心都有一只金丝雀,当我们因压力而走错方向时,它就会给予我们警告。当我们的生活方式不能为自己提供最大利益时,它会提醒我们,让我们还没有在错误的道路上走得太远时及时止损。我内心的金丝雀提醒我的方式是令我心悸。这让我提高警觉,改变生活方式。我的患者的金丝雀也会用不同的方式提醒他们注意自己的压力,失眠、焦虑、抑郁、头痛、过敏、胃灼热、恶心、头晕、疼痛或现有疾病会反复发作。这些症状告诉你:是时候关注自己、放慢速度、给自己一点同情心并做出改变了。

像我的许多患者一样,你可能已经达到了极限,无法忽视自己的信号——自己内心的金丝雀的示警。你的症状已经对你造成了困扰。正是因为你意识到自己要警惕起来,要做出改变,你才开始看这本书。你的金丝雀的示警让你意识到,现在将生活拉回正轨还为时不晚。在本书中,你可以找到脱离压力和倦怠黑洞的路,让自己呼吸一些新鲜空气。

我们先来做个小测试,通过回答五个问题,得到自己的压力评分。这样,你可以对自己的压力水平有一定宏观了解。这些问题和你来找我看病时我问你的问题非常相似,既然你没亲自来找我,我想找一个途径,让你能够评估自己的"起点",以此为依据来降低自己的压力和倦怠水平。

尽量准确地回答下面五个问题。花点时间思考一下每个问题在过去一个月里是如何广泛体现在你的生活里的,然后把你勾选的每一项代表的数字加起来,得出你的压力评分。

你的压力评分

1. 过去的一个月,你的金丝雀示警的频率是_____。

( ) 从不　0分

( ) 几乎没有　1分

( ) 有时　2分

( ) 比较频繁　3分

( ) 非常频繁　4分

2. 过去的一个月，压力让你不堪重负或心神不安的频率是_____。

（　）从不　0分

（　）几乎没有　1分

（　）有时　2分

（　）比较频繁　3分

（　）非常频繁　4分

3. 过去的一个月，压力让你感到筋疲力尽或精神不振的频率是_____。

（　）从不　0分

（　）几乎没有　1分

（　）有时　2分

（　）比较频繁　3分

（　）非常频繁　4分

4. 过去的一个月，因为压力巨大而睡眠中断的频率是_____。

（　）从不　0分

（　）几乎没有　1分

（　）有时　2分

（　）比较频繁　3分

（　）非常频繁　4分

> 5. 过去的一个月，压力影响你日常生活和活动的频率是_____。
> （　）从不　0分
> （　）几乎没有　1分
> （　）有时　2分
> （　）比较频繁　3分
> （　）非常频繁　4分

你的压力评分可以让你了解压力是如何影响你的日常生活的。该压力测试不是为了诊断或治疗你的压力，而是作为一个工具，让你了解压力是如何表现出来的。你的压力健康、可控吗？它和你的日常生活所需成比例吗？还是说，这些压力失控、失衡了，与你的日常生活所需不成比例？你的个人压力评分可以帮助你辨别适应性压力和非适应性压力在身上表现出来的差异。最低分数是0分，最高分数是20分。你会发现，分数越高，出现非适应性压力的可能性就越高；分数越低，出现非适应性压力的可能性就越低。现在你得到了个人压力评分的原始得分，感觉如何？惊讶、不知所措、困惑或者所有这些？

当我的患者回答这些问题后，他们常常会因自己的高分而沮丧。他们常说的第一句话是："但我很有复原力！我不该有压力，像我这样的人不该有压力。"这话听起来熟悉吗？是的，我也说过这样的话。我自己独自面对压力时，也对我的医生说过同样的话。事实上，每个人都可能承受过量不健康的压力，而缓解这些压力的第一步是：在你开启这个全新的旅程之时,多一份健康的自我关爱。

好消息是:不管你现在的得分是多少,你都可以通过微小但有效的调整改变现状。我们要在减少压力的路上携手共进。每走一步,我们都会做一些简单的调整以适应你的生理机能而不是与之对抗,我们会慢慢将不健康的压力变为健康的。

这些年来,我问过我的患者类似压力测试中的问题,它们已经成为我的患者在缓解压力之旅中衡量不健康压力水平的有用指标。就像你会定期监测血压一样,我建议你每四周做一次该测试,看看自己进步了多少分。我的患者在生活中应用五次重置法后,个人压力评分明显下降,相信你做出改变后,分数也会下降。这是非常振奋人心的。你会惊讶地发现,在应用这些技巧后,你的大脑和身体会多么迅速地重新连接,你的不健康的压力会减少,同时你会获得更真实、更持久的复原力。

你可能认为生活中的很多压力源无法改变,至少现在不能。我知道你的顾虑:你不可能不付账单,要求你的老板改变性格,让年迈的父母重新变得年轻,或者打个响指就让你蹒跚学步的孩子学会如厕,让房子干净整洁,然后每天可以多出来五小时。五次重置的目的是帮助你实时应对现实生活中的压力。静修、水疗和休假都是很好的方式,但当你把五次重置技巧应用到混乱的日常生活中时,你会在缓解日常压力的过程中看到明显的进展。

茶壶和压力

我喜欢喝茶。早餐,我通常会喝一杯浓浓的爱尔兰早餐茶,加一点儿现磨的姜、一点红糖,再加一点冷杏仁奶。我一边喝茶一边练习黏脚技巧(你将在第六章中学习)。每天早晨的仪式,让我保持片刻的宁静并做一天的计划,让我的大脑和身体为未来做好准备。这是我的晨间重置。

一天,在等水烧开的间隙,我想到了这个不起眼的茶壶和自己多年来承受不健康的压力的经历的相似之处。尽管经历的唯一一次让我一蹶不振的压力,是实习期间的心脏"野马奔腾"事件,但多年来,我也经历了许多带来不健康的压力的事情。医师资格考试、适应新城市、买我人生中的第一套房子——这些时刻,我的压力都非常大,压力在我的身体里逐渐积累,到达不健康的水平。我一直处于紧绷状态,无法放松,偶尔还休息不好,这就让我第二天身心交瘁。我知道这些外部事件不是人力可控的,但因为有过"野马奔腾"的经历,我对身体里任何不健康的压力的迹象都特别敏感。现在我知道,我可以用一些科学的原理和技术来控制自己对这些事件的内在体验,抵消我的压力,防止它积累起来。

第一次"野马奔腾"事件发生近20年后,某次我在冲泡早茶时突然意识到,当不健康的压力积聚时,我们的身体就像茶壶一样。基于多年来各种各样的压力经历,我学会了一些方法,可以有效地释放治疗性

"蒸汽"，它们阻止了不健康的压力的爆发。

生活中经历不健康的压力时，你可以想想茶壶在滚烫的炉子上烧水的情形。当水加热时，水壶里就会产生蒸汽。你可以关掉开关降低温度，但在现实生活中，我们的大多数压力——例如工作、孩子、老人、健康、求学——都来自外部，一时间无法改变。我们的外部环境并不总是在自己掌控之中，它们经常不按计划行事。我们经常失去能动性，这让我们感到无能为力。因此，不要尝试控制压力，无论如何，我们都必须忍受它或学会与它共存。但还有另一种更好的方法。

我们如果不再关注外界那些不可改变的因素，而是将精力用在改变内部环境——茶壶中的水，那么即便继续"加热"，事情也会有所转机。通过把不断增强的压力释放出去，就像打开茶壶的盖子，释放出一些蒸汽，我们会感觉更好。本书将教会你如何治疗性释放这些"蒸汽"。

压力悖论

当我还是住院医师时,我曾被自己的压力压得无法喘息。那时我参加了一门为医生开设的课程,内容是如何在压力下保持专注、关注自我(在第五章,你将学会这门课程教授的技巧)。在一个医务人员的正念课程中,我的老师迈克尔·拜因(Michael Baime)教授告诉我们的团队:"你知道你在生活中感受到的压力吗?每个人在生活中都会有压力。你作为一名医生在世界各地治疗患者时,请记住这一点。"

那一刻深深地印在我的脑海里。我经常回想起他的话:压力这种让人感到非常孤独的东西,怎么会同时发生在数百万人身上呢?

压力是我们人类最普遍和一致的经历。虽然我们都有压力,但每个人都非常孤独。我们虽然处在同一环境中,但压力将我们隔绝开。这是人类关于压力最大的悖论。

多年之后,作为医生的我在忙忙碌碌的工作间隙,会环顾拥挤的候诊室,心里想:"如果我的患者能够彼此说说话,他们就不会如此孤独了。因为他们会发现,这里的每个人都在以各自的方式承受着同样的痛苦。"

根据2015年的资料,如果一个房间有30人,那么至少有21人像你一样压力巨大、精疲力竭。我这么说并不是为了贬低你应对压力的个人努力,每一段斗争都是独一无二且有意义的。但是,如果我们可以了解到,不健康的压力会对我们每个人造成同样的影响,我们就能将这一经历视为一种正常的现象，这可以大大减弱我们最初对此产生的羞耻感和孤独感。

在临床医疗中，你说出一段困难的经历，并与有着同样生活经历的人分享自己的故事，是集体治疗的基础。成为一个团体的一部分并分享相似的故事，可以帮助你疗伤，并进行深层的治疗。用科学术语来说，这是群体效应（group effect）。不幸的是，在与患者的日常接触中，我看到的是压力带来的反群体效应（anti-group effect）。数以百万计的人感到有压力，但没有人想被认为是有压力的人，这表明"复原力神话"在我们的文化中是多么根深蒂固。我常想，如果我们在临床医疗中推行压力和倦怠的集体治疗，事情是否会有所不同？如果我们免费提供日常压力和倦怠的集体治疗，它会以一种强大而有效的方式将人们聚集在一起，帮助许多独自与压力斗争的人团结起来。你可以把本书当作治疗压力的一种集体疗法。

全球压力与倦怠快照

近年来在全球范围内,人们承受的压力水平急剧上升。早在2001年,世界卫生组织就预测每四个人中就有一个人会在其一生的某个阶段罹患压力相关疾病,例如焦虑、抑郁和失眠。到了2019年,世卫组织宣布工作倦怠是"职业性现象",并将其认定为一种临床综合征。当时,这是一则轰动性新闻,而这一新的指征让许多职场人一直以来都在经历的事情得到了认可。一些人可能会说,压力是最初的流行病。如果说这件事有好的一面,那就是压力和职业倦怠终于在全世界得到了应有的认可。

过去几年的新冠病毒流行对我们个人和集体造成的压力与倦怠的影响,再怎么夸大都不为过。2022年2月进行的一项调查显示,几乎2/3的美国人说,自新冠病毒流行后,他们的生活彻底发生了改变。2022年进行的另一项调查发现,心理健康已经取代病毒成为美国最关注的健康问题。大约有70%的人感觉过去的几年是他们职业生涯中最艰难的一段时间,有同样比例的人至少符合倦怠的一个特征。新冠病毒让罹患心理疾病的人的数量增加了八倍,包括焦虑、抑郁和失眠等与压力有关的疾病。在这一背景下,人们对心理健康服务的需求不断增长,但这种需求尚未得到满足。

近年来,我们对职业倦怠的理解更加深刻了。之前一直被视为单纯职业现象的问题,现如今已经渗透到生活的方方面面,包括养育儿女和照顾老人。在近期一项调查中，将近70%的为人父母者表示正在经历倦怠。我自己也是母亲，对此完全能理解，而且我敢说，为人父母者的倦怠程度要比这个数字大得多。

当你想象一个陷入职业倦怠的人时，你很可能会将一些典型特征代入，例如缺乏动力或感觉疏离和冷漠。但当今社会的职业倦怠表现已经改变了。在一项研究中，病毒流行期间61%的在家远程工作的人表示，他们发现，即使在精疲力竭的情况下，也很难从工作中解脱出来。这些新表现让你更难相信自己陷入了职业倦怠，就像本书伊始我提到的朋友莉斯。

这些不乐观的数据并不是为了打击你，而是向你说明压力和倦怠是普遍存在的。如果你也感到有压力和倦怠，我希望你知道，你不是一个人。

为什么是我，为什么是现在

莉娜（Lina）患有红斑狼疮，这是一种常见的自身免疫性疾病。过去的10年里，她一直由一个优秀能干的医疗团队细心照料。在对抗疾病的同时，她一边做着法庭记录员的全职工作，同时作为单身母亲养育着一对八岁的双胞胎。她来找我是因为母亲的推荐，她母亲担心她承受着慢性压力。我们第一次见面时，我让莉娜描述一下压力对她的身体造成了哪些影响。

莉娜大为震惊。"我从来没想过压力还会有其他什么影响，或者它会影响我的病。"她说，"我只是以为我既有压力又有红斑狼疮，但不觉得它们之间有任何关联。"

我把椅子转向她，说："我有一个问题：你的双胞胎孩子会互相影响吗？"

"常事，"莉娜回答道，"就好像他们共用一个身体。如果其中一个情绪不好，另一个的情绪很快也会跟着变坏。如果一个开始哈哈大笑，另一个就会跟着笑起来，然后就停不下来了。他们也知道彼此的弱点。"

"你的红斑狼疮和压力也是如此，"我解释道，"你的红斑狼疮影响着你的压力，你的压力也影响着你的红斑狼疮。"

"红斑狼疮复发的时候，我确实压力更大了。"莉娜坦言。

我说："或许是你增大的压力促使你的红斑狼疮更严重。如果你遇到一个非常复杂的案子，那一周里，你的红斑狼疮的症状会怎么样呢？"

"哦，我每天都会遇到一两个难办的案子。如果某个案子持续时间很长、很复杂，我就每天都强撑过去，然后周末的时候，我的指关节就会肿大并且变红，我会觉得精疲力竭！"

"听你的描述，短期挑战你可以应对，但当它日复一日地变成你的慢性压力后，你的身体就会做出反应。"我说。

"这样的事情发生过很多次。"莉娜承认道，在意识到她的压力和红斑狼疮如何互相影响之后，她大吃一惊，"在家里也是，就像双胞胎同时得了链球菌性喉炎，不能去上学一样。"

"你现在陷入困境，却没有寻求任何帮助？"我问。

"是的，我太累了，身体也很痛，还很担心失业。"她点头道，"我觉得自己无力应对这些事情，好像我既不是一个合格的员工，也不是一个合格的母亲。"

"不只有你一个人是这种感觉，"我安慰她，"有太多的人和你一样，默默承受着痛苦，认为自己软弱。"

莉娜缓缓地摇了摇脑袋，低下头看着自己的膝盖。我可以看出，在与压力的斗争中，她是多么疲惫。

正因为有很多人像莉娜一样——很可能也包括你，我才想开发一种专注于压力管理的临床实践。尤其是97%的人在看病的时候从没有被问过压力问题。莉娜成年后的大部分时间都是在传统医疗体系中度过的，她一直承受着巨大的压力，但她的医生没有一个向她解释过压力是如何影响大脑和身体的。

"你还有什么要说的吗？"我问她。

"是的，但这么说感觉很自私，因为我知道每时每刻都有人经历着比我更痛苦的事情，和其他很多人相比，我的生活还不是那么糟。"莉娜说完，将脸转向墙壁。显然，接下来她将要告诉我的话实在是让她觉得难以启齿。

"内鲁卡医生，我试着做到最好，按时付账单，照看孩子，而且只要我的母亲需要，我就去帮她。我很郁闷，你知道吗？我已经患有自身免疫性疾病了。如果这种病导致我压力更大，而更大的压力又加重我的症状，我觉得毫无希望。我想知道：为什么是我？为什么是现在？我做错了什么？"

"莉娜，你什么也没有做错。即便我们尽自己最大所能掌控自己的生活，我们的大脑对压力的反应还是一如既往地原始。"我解释道。

"你是说，我对压力的反应生来就是固定的？"她问。

"是的，"我说，"这也就回答了'为什么是我，为什么是现在'这个问题。"

当时，我给莉娜上了一堂关于大脑如何应对压力的速成课，这让她对压力有了全新的认识。速成课让我的很多患者受益，就像莉娜一样。我希望，这也能让你更深入地了解大脑内部发生了什么。

既然你知道了压力和倦怠对大多数人来说都不是例外，那么在进一步讨论前，我希望你们对自己有一些同情心。不管你对自己的个人压力评分感到意外还是失望，记住，我们大多数人（包括我）在生活中，受社会条件制约，都接受了"复原力神话"。我们相信自己能够排除万难，处理好所有事情，并且从来没有质疑过这个神话。既然现在你已经收到了金丝雀的示警，而且示警越发响亮而清晰，你就不能再用原来的方式来治疗自己了。

压力和倦怠不是例外，而是常态。好消息是压力和倦怠都可以重置。

但在开始重置大脑，缓解压力和倦怠前，了解你的大脑如何应对慢性压力是很有必要的。你对压力在日常生活中的外在表现已经有了更多的了解，所以我们从内到外梳理一下压力的生物学机制，以更清楚地了解压力对你的大脑和身体造成了何种内在影响。等明白了压力和倦怠为何及如何"劫持"你的大脑，你会发现在运用五次重置法重置你的大脑和身体来减轻压力、增加韧性时，会更加得心应手。

THE
5 Resets

第二章

你的大脑如何看待压力

对五次重置有一个整体概念，可以帮助你对大脑和身体接受挑战及压力时发生的变化有基本了解。你的医生可能从来没有向你解释过关于压力的科学原理，但是对不健康的压力如何攻击你的大脑和身体略知一二，有助于你更好地理解为什么当不健康的压力扼住你的咽喉时，要进行重置和释放。

在日常压力不是特别大的情况下，你的大脑主要由前额叶皮质（prefrontal cortex）控制。如果将你的手掌放在额头上，正对着手掌的区域就是前额叶皮质。前额叶皮质帮助你进行日常决断，如：规划孩子的生日派对，整理桌面文件，思考如何挂窗帘或者在秋季会议时如何安排两个演讲的顺序。前额叶皮质可以查看你的选择，然后决定是租面包车还是轿车，决定是穿商务休闲装还是牛仔裤，甚至决定在杂货店里买哪瓶意面酱。负责计划、组织和决策的大脑任务，被称为一般执行功能（general executive function）。在现实生活中，前额叶皮质主导的很多事情被认为是"成人表现"。当你没有太多压力而感觉平静的时候，你会表现得很"成人"；但是在压力的影响下，情况就不妙了。

在压力状态下,你的大脑由杏仁核(amygdala)控制——一个位于大脑深处的豆子大小的组织。杏仁核也被称为爬虫脑(reptilian brain)或者蜥蜴脑(lizard brain)①,虽然人类进化了,但大脑的这部分依然如旧。杏仁核自人类存在就在了,它属于最原始的模式,且发挥着重要作用。它的作用是确保生存与自我保护,同时还掌控着你的恐惧反应。当感受到威胁时,杏仁核会激活你的应激反应,即战斗或逃跑(fight or flight)②。它会调动大脑的其他区域(如下丘脑和腺垂体)产生皮质醇(cortisol),皮质醇激活肾上腺,促使其产生肾上腺素,肾上腺素帮助你对抗威胁或逃离威胁。下丘脑、腺垂体和肾上腺这三个组织被称为HPA轴,是压力在脑与身体之间的主要通道。

当你受杏仁核驱动在下丘脑轴上狂飙时,控制你的是害怕和恐惧。你的心跳会加快,呼吸会更加急促,变得高度警觉。人们自原始时期从捕食者口中脱险,战斗或逃跑反应就起着至关重要的作用。但现在,你面前的"捕食者"似乎从来没有停止过攻击——人际冲突、工作目标、账单、家庭压力及各种截止日期。因此,你的杏仁核一直在后台保持运作。你的杏仁核是你的情绪大脑而不是逻辑大脑,所以,即使你在理智上知道某个工作的截止日期并不能真正威胁你的生命,杏仁核也无法分辨其中的区别。

---

① 爬虫脑或蜥蜴脑指人类大脑中与原始生物类似的部分,控制典型的本能行为。
② 战斗或逃跑是一种生理和心理反应,指在面临危险或威胁时,人们会选择进行"战斗"或者"逃跑"。

如果在截止期限到来前你感到极度恐慌、绝望沮丧，你对自己说"如果我干不完，我的老板会杀了我"，这实际上是你的杏仁核在说话。

现代人的大脑没有机会恢复到初始的平和状态，因为现代生活中存在着高水平的慢性压力，例如经常性的最后期限和财务压力。这些压力让你的杏仁核一直处于活跃状态，日复一日。

你的大脑和身体天生就能非常熟练地应对急性压力，但慢性压力会导致杏仁核和应激反应过度使用。你可以在短时间内应对原始的"捕食者"，因为你的大脑、身体构造本就是为了求生和自救设计的；但是如果压力持续数月或数年，就会造成倦怠。了解这一点，是理解为什么你的压力和倦怠一直处于前所未有的高水平的关键。

有一次，一家公司邀请我向他们的450名员工就压力问题做一个演讲，他们派了年轻的初级助理大卫（David）到机场接我。我们在路上聊天的时候，大卫向我讲述了他在新冠病毒流行期间居家办公15个月的经历，以及他的老板要求所有人到公司上班后，他的生活发生的改变。

大卫说："我被困在我的单身公寓里，缩在角落的小桌子上工作。开始还行，因为据说只要两周或三周的时间，不是什么大事儿，是吧？但是后来新冠病毒全面暴发，我们被告知，不确定什么时候可以回办公室办公，甚至不一定能回了。我感到完全被困住、被孤立了。"

我告诉大卫："许多人跟你有同样的心路历程。我们都以为这在生活中只是一个小插曲，只是坚持一阵，短暂地隔离。然后，现实袭来，我们都慌了神：'什么情况？'"

也许你也能体会到这些感受。大多数人认为新冠病毒流行及其带来的不便只是暂时的，我们的大脑整装待发，为应对有限的压力做好了准备。我们蹲下，为起跑做好准备，等着这场突如其来的威胁过去，但是这一威胁没有尽头，且遥遥无期。于是，这次冲刺变成了一场没有终点的马拉松，不再是急性威胁模式，而是慢性威胁模式。这对我们的大脑来说是一种不同的冲击。

我们被告知再忍耐一下。三年来，新闻头条向我们承诺：病毒流行结束后将迎来"咆哮的（21世纪）20年代"①——一段潇洒放纵的日子。我读这些文章时，一直在想："这都是些虚假宣传，因为在压力状态下，人们的大脑不是如此运作的。"

大卫说："真奇怪，当时我不知自己是否会感染，我的工作是否能保住，我什么时候能飞回家见家人，甚至不知道自己能否继续支付房租。我一直处于惴惴不安的恐慌中，但相较于那时，现在我反而觉得更糟糕了。"

我问大卫："你觉得哪些方面更糟糕了呢？"

"我真的很沮丧，这在之前是前所未有的。即便是最简单的事情，例如回复工作邮件或者去洗衣店送洗再回来，都让我觉得筋疲力尽。你是医生，你觉得我失控了吗？"

"如果你失控了，那这个世界上成千上万的人都失控了。"我回答道。

---

① "咆哮的20年代"原本指北美地区20世纪20年代发生的巨大变化和激动人心的事件。但这里借用这一说法，暗示21世纪20年代将会很精彩。

这一病毒流行"马拉松"对人们的精神健康造成了严重的伤害，因为人类的大脑不能长时间持续承受过量的压力。"不要责怪自己。这不是你的原因，这只是你对压力的生理反应，"我对大卫解释道，"你的反应很正常、很健康，这是人们面对慢性压力时可以预见的生理反应。"

"知道我不是个例，实在是太好了。但我还是想问，为什么是现在？现在一切回到正轨了，你可能觉得我应该很好，"大卫说，"但我不行。我好像没有办法振作起来了，摆脱不了这种恐惧。"

如果你对大卫的经历感同身受，原因如下：你正在经历的是迟发性应激反应。在急性危机下，你的大脑面对挑战正面迎战，因为作为人类，我们对求生和自我保护有固定的模式，总能找到方法解决迫切需求。你很少会发现有人在灾难中从头至尾情绪崩溃——当然，这可能有，但很罕见。

你的大脑就像一个可以识别急性危机的大坝，它把所有急性危机都挡在外面，这样你就能专注于解决眼下的事情了。但是只要急性危机过去，你在心理上感到安全后，大坝就崩塌了——你放下了防卫，真实情绪开始浮出水面，如洪水般铺天盖地汹涌袭来。

也许，在急性危机期你感觉完全没问题，甚至可能因为不惜一切代价坚持下去而受到称赞。但现在，你会时不时地出现易怒、疲惫、紧张、沮丧、注意力涣散或者焦虑，你感觉自己与平时完全不同。这不是个人选择，也不是缺点，而是你的生理反应。人类的大脑就是如此设计的。我在很多患者身上都见过这种迟发性应激反应，这也是为什么在压力满满的一天后，我晚上会感觉心脏如野马奔腾。

我的患者拉克尔（Raquel）双手掩面，说："我不理解，为什么我现在才觉得沮丧？"今年年初，她刚确诊了癌症，来找我舒缓压力。那时的她异常平静、坦然，没有流一滴眼泪，坦然接受了手术、放疗和化疗治疗。她的治疗团队最近宣布治疗非常"成功"，并给她出具了一份健康证明。现在，她只需进行常规护理，每三个月后复查就好。她非常开心。但七天后，她来到我的办公室，心烦意乱，备感焦虑，泣不成声，对自己的情绪变化难以理解。

"我刚得到一个好消息，我痊愈了，"她抽泣着告诉我，"我原本应该出去参加派对，但我现在一团糟，夜不能寐。我从来没有这么焦虑过，还抑郁和悲观。这本该是我人生中最开心的时刻！这完全没道理啊。"

"拉克尔，事情就是这样的，完全可以理解。"我一边说一边递给她纸巾盒，"在你接受癌症治疗期间，你的防御系统启动了。当时，你的心理健康受到了严重的威胁，所以你加强了内在能量，储存起你所有的精力，以度过长达几个星期的放疗和化疗。"

我向拉克尔解释说，随着疗程结束，肿瘤医生告诉她这个好消息，她在心理上有了安全感，真实的压力就得以释放。她听后如释重负地点了点头。在治疗中，她不是有意压制自己的情感，或者说这是无意识的，因为这是人类大脑在面对急性压力时的固有反应。

我告诉她："你其实非常坚强，你的内心战胜了对抗癌症的压力，而且完胜。"

像拉克尔这样的迟发性应激反应，是在面对癌症这样的急性应激事件及疗愈过程中的正常反应。这不需要采取特殊的治疗，因为生活中的任何急性压力或精神创伤都会导致迟发性应激反应。

我在瑞士日内瓦的世卫组织合作中心进行难民医疗救治时，研究了迟发性应激反应。我们大多数人都无法想象难民的情况：要逃离家乡，除了两只手能带的，其他全部东西都要留下。当这些难民走向完全未知的未来，或者不得不住在难民营的帐篷里时，他们表现出令人难以置信的复原力。但当他们最终到达安全地带——不论是来到一个新的国家，还是回到他们的家乡——他们真实的精神状态才会表现出来。

即便没有像癌症或难民这样的极端经历，我们每个人也可能经历迟发性应激反应，尤其是在过去的几年中一起经历了如此困难的时光，我们的心理健康从2020年年初就开始遭受打击。我们的精神对短期疫情做足了准备，但等来的却是一场没有尽头的马拉松比赛。在意识到这场病毒流行不是预期中的一两周或三四周就可以结束后，针对这一思想上的转变，我们并没有做好准备。其结果就是我们的大脑必须在很长一段时间内承受异常高的压力，这是非常糟糕的。

既然现在你对迟发性应激反应有了一定了解，你应该可以明白，为什么我们最近集体经历的高强压力会导致（或在不久的将来会导致）严重的职业倦怠和心理疾病。如果将这一创伤性事件比作乌云的话，唯一穿透云层的光，就是我们所有人都亲身经历了它。我们当中有很多人正在经历迟发性应激反应，这使得我们进行集体治疗的时机已经成熟，这是一个让我们的共同经历得到认可的巨大机会。更重要的是，集体治疗可以将我们的压力进行重置，回归正常水平，同时战胜我们的倦怠。现在机会难得，通过这五次重置，你可以在对抗压力、提高复原力和提高心理健康水平方面取得巨大的进步。

压力是一种全身现象。我们的负面情绪如同一波波浪潮，冲到最高处再退去。不管你面对压力的感官体验是什么，其来源都是同一个地方——大脑。耶鲁大学的科学家称，具体来说，压力始于大脑边缘系统中一个叫作海马体（hippocampus）的区域。大脑边缘系统是你的情绪中心，海马体负责学习和记忆。因此，如果压力产生于海马体——负责学习和记忆的区域，那么压力可以被认为是一种习得反应。就像任何习得反应一样，它可以被遗忘，并以一种更好的方式重新训练。这是你的大脑可以通过重置来减轻压力的第一个科学依据。

通过重置大脑来减轻压力的第二个科学依据基于脑科学最伟大的发现之一——神经可塑性（neuroplasticity）。你先别被这个医学专业术语吓着，这只是一个描述大脑变化能力的"花哨"词语。

事实证明，你的大脑就像是一块肌肉，会根据你不断变化的生活条件生长和变化。大脑各个部位、各区域之间的联系，甚至是单个细胞之间的联系，都是如此。如果你的肱二头肌可以通过锻炼变得更加强壮，那你的大脑"肌肉"也可以。就像负重锻炼——但这里负重的是神经。你的神经元或神经细胞相互连接，它们携带着最新的信息，传递到大脑区域和身体的整个神经系统。它们非常擅长在两点之间找到最快通路，但要建立一条牢固的新通路，需要走很多次。你的大脑经常建立新的通路。好消息是，在大多数情况下，你可以通过重复来加强有用的通路。

你对形成一个新习惯付出的精力越多，你的大脑通路就会变得越牢固。神经可塑性指大脑能够根据它所经历的事情发生改变，这也是本书的基础。

在神经可塑性被发现之前，科学界认为人类的大脑自出生起就一成不变，真是一派胡言。通过新的脑成像技术，比如功能性磁共振成像（fMRI）和脑电图（EEG），我们已经了解到大脑的结构、细胞和连接会因为人的行为方式而增长或缩小。神经可塑性赋予了大脑重置的能力。

当你逐渐开始训练你的大脑来减轻压力、增强复原力时，有一件事需要注意，我称之为"两个法则"（Resilience Rule of 2）。你的大脑像肱二头肌一样是一块肌肉。如果没有经过锻炼，你不可能卧推起100磅（约45千克）的哑铃；同样，你的大脑要想重置，也需要循序渐进地锻炼。如果想要刺激你的神经元，你也需要先进行一点训练。

虽然快速修复很具诱惑力，但是，使用"两个法则"（一次进行两个改变）循序渐进地改变你的大脑，会更好地契合你的日常生活，而且不会让你感觉特别困难。同时，这些改变也更加容易长期坚持，成为你自己的一部分，而不是一时兴起。

"两个法则"

2023年3月初，患者亚当（Adam）来找我的时候，一心想要解决自己的压力问题。在外人看来，他运筹帷幄，生意蒸蒸日上，家庭幸福美满，和妻子育有两个10多岁的女儿。亚当自诩成功人士，"精益求精"是他的处事原则，所以，他打算一劳永逸地解决自己的压力问题。"事情是这样的，我从去年开始感到极度疲惫，"亚当说，"我知道我得做些改变，因此决定在新的一年里全力解决我的压力问题。"

亚当让我看了一个厚重的活页夹，里面记录着他针对压力问题做过的努力，有上百页。"为了减轻压力，我已经竭尽全力了。"他说。

为了从根本上做出一些改变，自1月1日起，亚当就全面改变了他的生活方式。他针对自己的睡眠、饮食、锻炼和精力列了一个清单。如果是可追踪的事项，他就会记录下来。两个多月的时间里，他一直坚持自己记录，但是他的热情已消耗殆尽，他的毅力变成了压力的另一个来源。

他合上文件夹后，看起来非常挫败。"我来这儿，是因为我坚持不下去了。"他告诉我，"我把所有能做的都试了，不知道哪一样起作用，哪一样不起作用。这太令人郁闷了。"

我说："生活方式发生巨大改变后，我们的生理反应就是如此。我们一直被误导，认为一个人能够而且应该迅速做出很多激进的改变。但事实是，我们的生理会反抗太多、太快的改变。"

亚当说："也许这就是我的新年计划失败的原因。"

"确实如此。"我对此表示赞同,"我们制定了这些孤注一掷的方案,但如果不能坚持,我们会自我感觉更糟。"

"1月2日早上7点30分,健身房就已经满了。"亚当说,"但是昨天,去健身的只有8个人。我以前每天早上都去健身,但现在一周只去两天,我特别生自己的气。"

我向他保证,他感到热情减退及筋疲力尽都是正常的、意料之中的。他没有做错什么,事实上,他一切正常,他的生理反应正是生活方式发生巨大改变后的正常反应。"这是'两个法则',"我向他解释道,"这就是为什么如果我们想要使这些变化长久,就不能一次进行太多改变——不论我们一开始怀着多少豪情壮志!"

你的大脑对这些变化的反应即便是积极的,对大脑来说也是一种压力。也许就像亚当一样,你的本意是进行最大限度的自我提高,但如果你希望这些改变是可持续的,你每次就只能做出一到两个改变。一次做出两个以上的改变,你的身体系统就有超载的风险。不能坚持原本的计划不是亚当的错,这不是因为他缺乏自律性或动力,而是生理使然。

20世纪60年代,有两位研究人员发现,即使是积极的生活变化造成的压力,大脑也会记录下来。精神病学专家托马斯·霍尔姆斯(Thomas Holmes)和理查德·雷赫(Richard Rahe)想了解生活变化是如何影响压力和健康的。他们以5000名患者为调查对象,挑选了43个最常见的生活事件,研究这些事件是否会导致压力。这些事件涉及生活的方方面面,从毕业、找到一份新工作、买房子、实现一个个人目标、结婚、生孩子、离婚、退休到爱人去世等等。每一件生活事件，无论是困难的还是快乐的，都有一个特定的分数。他们发现，人经历的事情越多，个人压力评分就越高，患病的可能性也越大。

这项研究让我们对压力和大脑有了更深刻的理解，具有里程碑式的意义。这项研究说明，即使是"积极的生活变化，人也需要适应，也有巩固期"，因此可能会产生一些负面的压力。我对患者的治疗就是基于这一研究——即便是为了变得更好，有积极的变化，大脑和身体也会视其为压力。

在我实习期早期，老师就告诉我，如果我希望患者能够对生活做出积极的改变，例如养成良好的睡眠习惯、改善饮食结构或者戒烟，且想让这些改变能够坚持下去，那么我一次只能推荐他们进行两个改变，否则，患者很有可能无法坚持下去。这一方法就是基于霍尔姆斯和雷赫60年前的研究得出的，之后医生们就开始应用该研究的成果来帮助患者进行持久的、积极的生活方式的改变。通过对压力的研究，我意识到对患者来说，清楚地了解这个概念是很重要的，这样他们就可以把它应用到生活中。我称这种方法为"两个法则"。

亚当可能想通过广撒网的方式，一次性解决所有压力问题，但我建议他遵循"两个法则"，先将注意力放在他生活中最需要关注的睡眠和运动两方面。我教他如何重置这两种压力（你将在第四章和第五章了解），他可以游刃有余地做出改变，因为他的心智带宽不用考虑其他改变。

就这样，我和亚当开始尝试两个简单的技巧。几个月后他再次来见我时，又增加了两个改变。

鉴于这些变化是逐步进行的，即一次两个，他的大脑有时间适应这些压力（不管好坏）。这就让一切完全不同了。

生活方式快照

我在办公室见到亚当时，可以问他一系列问题来获得我需要的信息，好为他制定个性化的压力管理方案。我和亚当就其生活方式进行了很长时间的交流，最后一起制定了治疗方案。我的治疗方案往往基于与患者的交流及其他相关数据，例如他们的身体状况、症状及偏好，这样我可以"对症下药"。

现在，虽然我不能和你一对一地交流，但你可以将本书视为交谈。我想给你模拟一下问诊的流程。

首先，你需要花几分钟拍一个"生活方式快照"。你要回答以下问题（和我在诊所会问你的一样），包括你的睡眠状况、社交媒体使用情况、社群意识、运动情况和日常饮食情况。写出答案后，你可以就现在的状态得到一个清晰的快照——生活中，你哪些方面做得好，哪些方面需要提高。一旦你得到了自己的"生活方式快照"，就可以运用五次重置和相应的策略，并把它们融入你的生活。

睡眠状况

就寝时间

- 你几点就寝？ _____
- 几点睡着？ _____
- 睡觉前两个小时你会做些什么？ _____

- 你入睡困难吗？_____
- 你有睡眠保持困难吗？你易醒吗？_____

起床时间

- 你几点醒来？_____
- 你几点从床上起来？_____
- 你睡醒后精力充沛吗？_____

睡眠质量

- 你的睡眠呈碎片化吗？_____
- 如果是，每周最多几晚？_____

社交媒体使用情况

- 一天当中，你有几个小时盯着屏幕（包括手机、电脑、电视及其他有屏幕的电子设备）？_____
- 你用手机查看邮件、浏览社交媒体或信息的频率是多少（例如，每半个小时一次，每个小时一次，或者几个小时一次）？
_____
- 起床前，你做的第一件事情是拿起手机看邮件、社交软件或者信息吗？_____
- 你夜里醒来时，会查看手机邮件、社交软件或者信息吗？
_____

社群意识

家庭环境
- 你独住还是和其他人一起住？_____
- 如果你和其他人一起住，你和他们的关系怎么样？_____

社交网络
- 你认为你有可以依靠的家人或朋友吗？_____
- 你觉得自己有社区意识吗？_____
- 如果凌晨4点突发急事，你有至少两个可以打电话寻求帮助的朋友吗？_____

运动情况
- 平均来说，你一周运动多少次？_____
- 你做什么运动？_____
- 每次运动多长时间？_____

日常饮食情况
- 你会尽量少吃加工食品吗？_____
- 你是否每天都想吃加工食品和甜食（例如饼干、薯片和蛋糕）？_____
- 你的饮食包括蔬菜、水果、瘦肉、蛋白质和全谷物吗？_____
- 你进行过任何形式的节食吗？_____

现在，你已经迈出了重要的一步。通过"生活方式快照"，你对自己的日常生活习惯有了清晰的认知，了解了自己的压力之源。因为这些日常生活习惯会使不健康的压力增加或减少，所以对你每天做的事情拍一个"快照"很有必要。说到健康的压力和不健康的压力的区别，正如作家、博主格雷琴·鲁宾（Gretchen Rubin）所说的那样："你每天都做的事情远比你偶尔做的事情更加重要。"

不健康的压力由许多因素叠加而成，不是单一因素导致的，但当你听到金丝雀的示警并感受到其影响时，你的习惯可能已经一团糟了。当你超负荷的大脑在杏仁核的引导下进入"生存模式"后，它就很难分辨你的日常习惯是在帮助你还是伤害你。你陷入了高度紧张的情绪，艰难度过每一天。

拍一个"生活方式快照"并仔细观察，你的大脑就会退出"生存模式"，进入由前额叶皮质引导的"发展模式"。你的"生活方式快照"是目前状态的写照，而五次重置法里的15种技巧将帮你到达想去的地方。你可以运用这些技巧重置你的大脑和身体，减轻压力，增强复原力。

立即把所有的技巧融入你的生活，可能很吸引人，就像亚当做的那样，但务必在处理你的生理问题时遵循"两个法则"。一次先尝试两种技巧，你感觉舒适后再增加两个；否则，你试图减轻压力的举动反而会增加压力。改变对大脑和身体来说都是很不容易的，因此，要放慢速度，在前进的途中保持耐心和健康。例如，读这本书会让你感到平静、治愈和放松——长期以来，这被称为阅读疗法（bibliotherapy）——而不会增加你的压力。

你要有耐心，因为建立一个新习惯需要八周以上的时间（你会在第五章学到更多关于习惯的内容）。可视化地记录你的进步会有所帮助，所以你开始的时候要记录进展。你可以根据你的清单选择使用高科技还是低科技。我的一些患者用笔和纸，一些用日历，还有一些人用手机应用程序（App）。不管用哪种方式记录你的重置，每天都记录一下可以加强大脑形成习惯的通路。最初的热情消退后，你可能需要一些激励来继续前进。制作一些视觉提示，例如每天完成后打一个钩，可能对你朝着正确的方向前进是一种愉快的激励。

五次重置法的魔力在于它非常实用、可行，且有坚实的科学依据。它会与你的生理特性合作而不是对抗，你会不断提升能力，针对压力、倦怠和心理问题做出健康、持久的改变。很快，你就可以体会到成功带来的满足感。

THE
5 Resets

第三章

———

第一次重置：明确优先级

如果我们手机上的谷歌地图（Google Maps）或位智（Waze）导航App能够就如何改变不健康的压力给予实时指导，该有多好。那样，我们就可以放松下来，因为我们知道通过它们提供的一到两个建议，可以到达一个更好的地方。

我们手机上这些导航App之所以有效，是因为我们知道自己的起始位置和目的地。我们告诉这些App目的地后，就会得到一步步的指导，从而通过最便捷的路线到达。虽然我没有声控系统帮你解决压力和倦怠，但第一次重置可以明确你的目的地——什么是最重要的，以及你的个人优先级——让你养成正确的心态，更轻松地到达目的地。你可能在想："我不知从何开始。"这并不罕见，压力和倦怠打乱了你的导航App，让你迷失了方向，所以第一步是将你的大脑通路从"生存模式"转变为更健康的模式——心理安全和自信。总体来说，我会用三个技巧来帮你明确目标、减轻压力——发现MOST目标，制订反向计划（Backwards Plan），寻找被埋藏的宝藏。我们一起来进行第一次重置，更加明确什么对你来说最重要。

步入成长型思维模式

我希望你知道：就像压力是生理的一部分，复原力也是生理的一部分，无一例外。不管你现在觉得自己要多久才能重获复原力，它仍是你与生俱来的一部分。现在它可能只是处于休眠状态，埋藏在你体内深处，但如果你运用本书的技巧，在接下来的几个月里，就可以重新发现自己的复原力。在我的诊所里，我见证了无数患者重新元气满满，我相信你也一定能够成功。接着听我道来！

压力和复原力的关系最紧密的一点是：如果你的大脑可以学习如何减轻压力，它同样可以学习如何获得更多的复原力。虽然复原力是你体内固有的能力，但只有付出时间、耐心去训练，你才可以强化它。一开始，你可能有些紧张和不适应，就像你第一次学游泳一样；但出人意料的是，你的复原力需要健康的压力催化。

健康的压力是游泳教练，鼓励你自己游到泳池边缘，而复原力是让你的头露出水面的本能——即使你第一次游泳只会瞎扑腾。付出时间和耐心后，不管面对健康的还是不健康的压力，你都可以自信、快速有力地划破水面，激起层层水花。

既然大脑为了更好地为我们服务，在生理上具有变化、适应和成长的能力，这就意味着你也有同样的能力。请接受这一理念，成长型思维模式（growth mindset）的核心是：改变可以让你更加睿智、强壮，适应性更强。你可能在企业或者商业环境中听说过成长型思维模式，而这一理念对你的心理健康同样适用。成长型思维模式能够让你的大脑承受的压力从不健康的转变为健康的，它的运作基础是你天生的复原力。

穿越恐惧、学习和成长三个区域

珍妮特（Jeanette）来见我时，坚信自己的大脑无法改变。"我想我的脑子已经彻底坏掉了。"她说，随即沮丧地把拐棍往地上一摔。

珍妮特是个58岁的公寓管理员，最近中风了，走路受到影响。她只在医院住了很短一段时间，出院后只需每周继续进行物理治疗，但这一系列变故引发了很多压力，这可以理解。

"我尝试了各种方法来减轻压力，但什么都不管用。"她告诉我。

我问珍妮特，她为什么每周都要去物理康复。"因为物理康复可以让我重新走路。"她说，"两个月前，我连走廊的尽头都走不到，而现在我可以走几条街了。过不了多久，我可能就不需要这个拐棍了。"

"两个月就取得这么大的进步，你真是了不起！"我说，"如果你能重新学会走路，那你的大脑就没有受损。"

珍妮特笑了起来，说："好吧，我的另一半听到会很开心。我们打算今年春天和几个朋友一起乘船旅行。"

"我觉得这是个非常棒的进步，珍妮特。你的大脑完全有能力让你做一些了不起的事情。我们一起来对你的大脑进行物理康复治疗吧！"

说到此，我们笑了起来，但这是事实。我们即将开始的工作是对珍妮特焦虑的大脑进行物理康复治疗。正如她的腿部肌肉为了保持平衡和走路而进行训练一样，她的大脑"肌肉"很快也可以学会如何承受健康的压力。

从珍妮特的眼中，我可以看到她重燃起了希望，并且相信她的大脑有能力改变。自那时起，我们就开始训练了。

珍妮特已经处于成长区了，只是她还没有意识到。

你可能听过"舒适区"这个词。而急性压力或计划外的环境迫使我们离开舒适区后，我们要经历其他三个区——恐惧区、学习区和成长区。

珍妮特因为意外中风而进入了恐惧区，她的恐惧呈螺旋式上升。刚开始，她无法自己走路，这当然让她不知所措，无法想象以后的日常生活将怎么办。一想到要永久性残疾，她的杏仁核就一直保持着"生存模式"，处在恐惧区，她进行自我调整、走向更好未来的能力受到了限制。

接下来的两个月里，在医生团队和康复团队的帮助下，珍妮特自己能慢慢地站起来，用助步器走路了。她的自信心开始快速提升，很快，她就能拄着拐杖走过走廊，然后可以绕着街区走一圈。她的恐惧减少后，更有控制感，于是她开始进入学习区。

珍妮特已经朝着康复迈出了一步。在学习区，她的杏仁核平稳下来，大脑渐渐接受了这一现实，她不再处于"生存模式"了，大脑的神经可塑性已经开始发挥作用。她正在学习如何处理意外情况所造成的不便。在学习区，珍妮特可以将她的注意力和关注点从"生存模式"转移，专注于自我提高。

第一次来见我时，珍妮特就已经步入成长区了，在克服身体挑战上，她已经取得了显著的进步，同时也渴望在处理压力问题上取得同样的进展。现在，她已经准备好将五次重置应用于生活中了。在成长区，珍妮特已经就其困境悟出了些许道理。她回忆了近期的困难及她是如何克服这些困难的；她对新的挑战抱着开放的态度，期待学习如何重置；因为最近她战胜了一个挑战，自信满满，她对自己应对压力和重置大脑的能力更有信心了。

在遇到挫折后，这三个区域是我们依次必经的过程。首先，出乎意料的变故会引发急性压力（恐惧区）；然后，我们的大脑会跨过"生存模式"，逐渐找到适应这些变故的方法（学习区）；最后，我们从经验中获得了全新的视角（成长区）。无论如何，我们都会从自己的经历中学到一些新东西。这些经历不一定是急性的生理方面的压力，比如珍妮特突发中风，它涵盖的范围很广，包括任何意料之外的变故——失业、被迫搬家、失恋、失去爱人、自然灾害、财务危机，或者发现自己一直坚守的信念是虚假的。关于引发急性压力的缘由，人与人可能不相同。

像珍妮特一样，你也在无意识中使用着成长型思维模式。新冠病毒在世界流行后，所有人共有的、非常普遍的问题是这一意料之外的变故造成的急性压力。2020年3月，你很可能和其他每个人一样在恐惧中开始了隔离。因为这件事是前所未有的新事件，而且像是一个直接的危险，你的大脑的自我保护机制自动进入超速运转状态。你对安全的原始恐惧被激起了，尤其是这一危及生命的病毒没有快速的解决方案。情况会变得更糟吗？没人知道。在2020年的大部分时间里，我们都生活在恐惧的心态中，处于恐惧区。这就是为什么很多人开始囤厕纸和洗手液。

从2021年到2022年，你的大脑渐渐适应了这些变化。你学会给恐惧设置界限，这样它就不再消耗你醒着的时间。你可能仍然对许多未知事物感到害怕——我也害怕，虽然我接受过公共卫生方面的培训。但你学会了控制恐惧的技巧，知道哪种方法可以保护自己的健康，并且希望能够加以利用。通过你的生活经验，你渐渐地、无意识地走出了恐惧区，进入了全新的学习区。从恐惧区进入学习区的过程也许一团糟，而且困难重重，但你做到了。

到了2023年和2024年，我们进入了成长区，大脑和身体可能还没能完全消化经历或者生活发生的改变。即便威胁和隔离已成过去式，余波却让我们很多人处于高压和倦怠状态。我们带着压力闯过一个又一个惊涛骇浪，没有任何喘息的空间，包括近期其他让我们备感受伤的事情。

尽管大脑和身体精于压力管理，它们也需要时间来恢复和调整。如果没有恢复时间，压力就会叠加起来，形成更大的压力。由于这一循环，你可能会感觉筋疲力尽，对下一步行动小心翼翼。我会挽起你的胳膊，和你一起走过成长区，让你对自己的位置、对经历的处理方式以及对更明亮未来的规划有更宽阔的视角。这条路比你想的要近。

行动的科学

你感到有压力、觉得倦怠的时候,非常容易陷入消极的自言自语。你可能觉得自责和羞愧,可能会问自己:"我到底怎么了?"你已经了解了压力悖论,即我们所有人尽管都在承受压力,但还是感到孤立无援。正如我们所见,涉及个人压力时,你没有任何错,一切都是正常的反应。就像我最喜欢的冥想老师乔恩·卡巴金(Jon Kabat-Zinn)常说的:"只要你活着,对的就比错的多。"

我每天都在帮助人们将消极的自言自语转变成更加富有同情心、更加有帮助的内容。事实上,这就是我在感觉自己偏离轨道时会做的事情。

在与压力抗争之初,我陷入了消极的自我对话。这时,我恰巧走进一家二手书店,看到了一本1971年出版的老书。那是心理学家米尔德里德·纽曼(Mildred Newman)及其丈夫伯纳德·伯科威茨(Bernard Berkowitz)创作的《如何成为自己最好的朋友》(*How to Be Your Own Best Friend*)。我觉得这个书名很好笑,并且因为这个原因买了这本书。我非常喜欢这本小书。它在我出生前就出版了,每次读这本书,我都觉得它像是我睿智的祖父母在向我传递他们的经验。年幼的时候,我随祖父母在孟买生活,他们历经岁月积淀的智慧在我之后遇到困惑与挫折时给了我极大的帮助。因为我总是随身带着这本书,仿佛它是我的护身符,我没少受到家人和朋友的善意揶揄。直到今天,我哥哥还喜欢提醒我，要做自己最好的朋友。这本书确实帮到我了，我不再需要提醒了。

当你就自己的压力反思"我怎么了"时，你想到的可能只是一些自我否定和挫败的答案。你对自己可能比其他人对你或者你对其他人更加苛刻。

为了摆脱这种消极的、自言自语的习惯，换一个问题有助于你停止这种消极的自我对话，帮你走进成长区。不要问"我怎么了"，而是问"现在什么事情对我是最重要的"，这个问题是爱德华·菲利普斯（Edward Phillips）医生提出的。他是生活方式医学研究所（Institute of Lifestyle Medicine）的创始人、波士顿退伍军人医疗保健系统整体健康医疗总监，他就是这么问他的患者的。他强调，我们只需要针对自己最重要的事情做出改变。

韦斯（Wes）来见我时，就处于消极的自我对话状态，而且无法做出改变。他做两份工作，在父母的帮衬下独自抚养三个孩子。他有很多责任，而且觉得他在生活的任何领域都没有进展，只是勉强跟上节奏。他觉得自己的压力越来越大，马上就会影响到自己的健康了。

韦斯的医生非常担忧其不断攀升的体重，因为他有高血脂和高血压史。我们在办公室聊天时，韦斯说，为了他的孩子，他必须保持健康。

"现在，减肥对我来说是首要事情。"韦斯告诉我，"我想保持健康，但我的劲儿用错了地方，体重不降反升。"

"我每天吃两次快餐，"他承认道，"虽然我一再保证再也不吃了。我常常责备自己没有自控力，然后又会自我放纵，到公司的自助售卖机买薯条和糖果吃。"

"我明白了,你觉得自己被困在了一个模式里。"我对韦斯说。

"确实,"韦斯说,"而且我觉得自己克服不了。"

韦斯白天做文职工作,晚上做保安。他的父母替他接孩子放学,辅导他们做作业,给他们做晚饭,哄他们睡觉。每天晚上,韦斯在一家连锁汉堡店的停车场给他的孩子们打电话。这家店是两个工作地点中间最近的餐厅,他可以停下来吃顿快餐。

韦斯已经竭尽所能了。

他告诉我:"我知道每天晚上吃汉堡和薯条不健康,但是这对我来说最方便也最便宜,而且还可以跟孩子们通电话。"

在我们谈话之前,韦斯的医生就鼓励他减肥,但是医生没有时间深入了解他的生活方式。韦斯和医生之间并没有知识或信息上的差距,他知道为什么减肥是他最需要关注的健康问题。事实上,他在看医生和上网搜索的时候,就已经被这种说法狂轰滥炸了。但他在网上读到的很多减肥策略都不实用,与他的日常生活脱节。他没时间去健身房,不能每天吃沙拉,每晚都只能在外面吃而不能在家做饭。

韦斯压力大,工作负担重,家庭责任强,因此他的杏仁核超负荷运转——他一直处于"生存模式",没有任何喘息的机会来冷静地思考,如何把他搜集到的关于减肥的知识和信息带到充满压力的日常生活中。

韦斯和我的很多患者一样,他明确地知道自己需要做什么,只是迫于生活中的种种限制,很难付诸实践。

我发现,大多数患者在认知和行动之间往往存在一些差距,我的工作就是找出填补这些差距的方法。我对患者所做的工作,很多都基于动机性面谈（motivational interviewing）策略。这种策略在医疗环境中能够帮助患者在面对差距时改变或缩小它们，使患者找出对他们来说最重要的东西。动机性面谈中最重要的三点是：在填补知识和行动之间的差距时要换位思考，保持好奇，以及不要评价。你不能自己进行动机性面谈，因为面谈需要训练有素的医生来进行。但在找出自己的认知与行动之间的差距时，你可以尽可能地保持好奇，以及不做评价。

韦斯早就做好了行动的准备，但他需要我帮他制订一个切实可行的计划来达成他的目标。我要帮助韦斯弥补需要做什么和如何做才能达到目的之间的信息差。

根据"两个法则"，我先关注的是他的饮食习惯和体重控制，因为这是引发他产生巨大压力的直接原因，而且这也可以解决他最大的需求——减肥。

第一个干预措施是鼓励韦斯在家里准备好健康、便捷的食物，然后带到公司。虽然这看起来是一个非常简单的解决方案，但韦斯早上的时间太紧迫了。他要送孩子们上学，直到出门，他都来不及准备自己的东西。在杏仁核的引导下，韦斯的大脑每天早晨都处于高压状态，只能处理最即时的需求，即把孩子们和自己收拾好，准时出门，而不是计划和准备12小时之后的晚餐这一任务。未来规划依靠前额叶皮质，而在承压状态下，它无法发挥最佳功能。这就是为什么在匆忙又压力大的早晨，人会忘带东西，例如钥匙、钱包或者手机。

我和韦斯设计了一个带食物的方案，即在头一天晚上压力不那么大的时候，就把食物准备好。第二天早上，他只需要拿起饭盒，带孩子出门就可以了。

第二个措施是调整韦斯和孩子们打电话的时间。我们一致同意，韦斯不要再坐在车里给孩子们打电话，而是边走边打，这更有助于他的减重计划。他的办公大楼附近有一个池塘，他可以利用从停车场走到池塘的间隙跟孩子们进行视频通话。韦斯喜欢钓鱼和水上运动，虽然不能每天都钓鱼放松，但在湖边进行20分钟左右的散步对他来说也算是不错的选择。他可以在享受水面风光的同时和孩子们聊聊各自的一天。周末，他会带孩子们钓鱼，因此每天在池塘与孩子们视频通话将成为他们周末活动的延续。视频通话之后，他可以开车去干第二份工作，并在第一次休息时吃他准备好的晚饭。

这些干预措施看起来非常简单，但是韦斯压力太大了，他一直处于"生存模式"，无暇计划第二天的事情，一直由杏仁核而不是前额叶皮质引导。为韦斯制定的这两个日常干预措施，帮助他将体重稳定了下来。

这对韦斯来说是一个非常伟大的成就，他的身体和大脑都有了改变，并引起了一系列连锁反应。他的压力减轻了，精力提升了，动力增强了。他的杏仁核渐渐摆脱了"生存模式"，前额叶皮质占据了主导。韦斯开始每月提前规划自己的工作，这样，他就可以计划在哪几天进行更长时间的散步（大概30分钟）。每迈出一步，韦斯离自己的减重目标就更近一步。

是什么改变了韦斯的思维模式，让改变成为可能？他找到了自己短期内最重要的事情，同时创建了自己的MOST目标。

你的终极目标反映了你的 MOST 目标

要想进行改变，第一步便要找到对你来说最重要的事情。这是非常有必要的，每一个来见我的患者都是从这一步开始的。在我的患者开启减压之旅时，我会问他们这样一个问题："你的终极目标是什么？你认为什么是'成功'？"

有时他们会本能地快速给出答案，有时需要稍微思考一下。这么多年，针对这一问题，我听到过成千上万的答案，比如：

- 我希望能减轻一些疼痛，这样夏天的时候，我就能去欧洲旅行了。
- 我希望不再那么倦怠，这样我就有精力准备今年的感恩节晚餐。
- 我想找到一份让自己不那么焦虑的工作，但我太累了，不想找工作。
- 我想在第25届高中同学聚会上状态完美。
- 我想挨过癌症治疗，然后写一本童书。
- 我想有一些安静的空闲时间，好为我的教堂筹备一场慈善活动。

通过思考自己想要的，这些人可以专注于对他们来说最重要的事情。知道什么是最重要的，对于改变来说是非常重要的催化剂。有时你要进行一些思考。如果你想不出什么对你来说最重要，先想想你的MOST目标。

技巧1：发现自己的MOST目标

我们每个人心中都有一个理想的自己。你能读这本书，说明你已经意识到了不健康的压力让你偏离了自己最好的状态。目前，你无法达到理想的自我状态，但这是你的压力告诉你的。你的复原力还在，而且知道你"为什么"已经准备好要做出改变。你的"为什么"会告诉你，在不久的将来，什么对你来说是最重要的。一旦你确定了自己的MOST目标，针对下一步行动，你就会有更加明晰的目标。

确定MOST目标有四条指导原则——有动力（motivating）、客观性（objective）、小目标（small）、时效性（timely）。

- M指有动力（motivating）：就自己的目标列一个简单的清单，然后在清单里找出一个既可以激发动力又能够实现的目标。在你的清单里，哪一个目标让你充满热情，同时给你一种力量满满的感觉？即便你筋疲力尽、异常倦怠，也要找到那个能照亮前路、给你一丝希望的目标，将其作为你的MOST目标。

- O指客观性（objective）：找一个你可以定期评估的客观标准，不管你的变化多么微不足道，它可以激励你朝着MOST目标更近一步。

- S指小目标（small）：选择一个足够小的、能够确保成功的目标。然后你就可以在不打乱自己生活的情况下奋力前进，而且你会有真实的成就感。
- T指时效性（timely）：选择一个有时效性的目标。理想状态是你可以在接下来的三个月内达成它。

如果你选择的目标符合MOST原则，那么恭喜你！你已经在减轻压力、增加复原力的道路上找到了方向。现在，写下你的MOST目标，同时暂定三个月内要将其完成，把完成那天定为你的旅程正式结束的日子。

从一开始，韦斯就对自己的MOST目标非常明晰，但是情感上的压力让他很难做出改变。一开始，打包晚餐好像是在他繁忙的一天中又增加的一项琐事。"就好像我想去的地方和我现在所在的地方隔着千山万水，我是说，我习惯了在开车途中吃一顿，那很方便。"他承认道。

也许你对韦斯的困境感同身受。顺其自然、安于现状、默默忍受，确实让生活更加容易。通常，你会如此生活一段时间。某一天，你体内的金丝雀会提醒你，坏事要来了。除了行动，你别无他法。

我向韦斯保证，在做出改变时觉得不堪重负、信心丧失是非常正常的。改变很难，它交织着不确定和不适感，而人类的大脑对这二者天生想要避而远之。你知道会面临不适，是改变的最大障碍之一。即便你知道从长期来看改变是有利于你的，但这仍然很难。我告诉韦斯："当你做一些新的、积极的事情来缓解压力时，感到不适是一种成长信号。"

一项研究显示，那些在个人的成长过程中（例如写作和自我教育时）能够忍受一时的不适感的人，更容易达成自己的目标。该研究总结道："成长常常是令人不快的，但人们应该将成长过程中与生俱来的不适感作为进步的标志，而不是规避它。"

因此，在生活中做出健康的改变时，能够忍受暂时的不适，是你踏入成长区的信号。

韦斯已经准备好进入成长区了，按照"两个法则"，他一次只需进行一些微小的改变。他已经明晰了自己的MOST目标，并接受了成功之旅中新养成的积极的习惯给他带来的轻微不适感。"我必须承认，"韦斯说，"我真的不知如何开始。我该从哪儿开始呢？"

我递给韦斯一张纸。"找到这个问题的答案，你要从自己的终极目标开始。"我告诉他，"我们首先一起制订一个反向计划。"

反向计划，正向生活

我让韦斯在一张空白纸的最上方写上"终点"这个词，然后在下面写上他的MOST目标，以及三个月左右的日期。我建议他把日期安排得宽裕一点，多留一些回旋的余地。

在这张纸的底部，我让韦斯写上"起点"这个词，并在旁边写上当天的日期。然后，他从"重点"即他的MOST目标开始列出他的计划，直到"起点"即他现在的状态。在MOST目标的下一行，我让韦斯写下他在达到里程碑式的成功前必须要完成的事情。例如，韦斯写的是：我需要买一些小码的新裤子，我穿着会更合适，而且可以激励我继续减肥。

在那行字下面，我又让韦斯写下为了买新裤子需要做的事情。他写道：为了再瘦2磅（约1千克），我需要保持健康饮食，正如之前每周坚持的一样。

"这很棒，韦斯，"我告诉他，"现在，继续反向计划。在减掉2磅之前，你需要做什么呢？"

"如果之前的计划有效果，我会坚持下来。比如，晚餐吃在家打包好的食物。我甚至会带一些零食，这样我就根本不用在自动售卖机上买东西了。"他说着写了下来。

"好的，再往下一行。要想自己带晚饭，你需要做些什么呢？"我问他。

韦斯想了大概一分钟，然后写道：下夜班回家后，我会一边听有趣的推理播客，一边准备明天的晚餐和零食；同时，我可以把孩子们的饭也准备好。

韦斯向后倚着椅子，感觉很满足："我得说，我很满意所做的计划。那个播客真的很好，但是我从来没时间听。"

"这下你可以听了，韦斯。现在我们离最下面也就是你现在的状态没多远了。从你现在的状态到准备晚餐，你需要做的第一步是什么呢？"

"好吧。周六早上，我会和孩子们一起去杂货店。我们要买一些晚餐用的食材，再买一些零食，多买一些，可以吃到下周六。然后下周六，我们再一起去杂货店。"

"我想，你已经找到开始的方式了，韦斯。"

韦斯又读了一遍他的计划。

利用反向计划，韦斯一步步意识到，他的MOST目标比预期的更加容易实现。他手里自己写的那张纸，让他觉得拥有了通往成功的个性化地图。这张纸帮他以具体、实际的方式设想了每一步。

技巧 2：制订反向计划

尝试如下练习：

1. 找一张白纸，在最上面写上"终点"，在旁边写上你的MOST目标，并在后面标注出最多三个月的时间。

2. 在纸的最下面写上"起点",并标注今天的日期。

3. 现在,你自己从上到下、从终点到起点反向写出规划。在"终点"下面的一行,写上你走到"终点"需要的最后一步。

4. 再往下一行,写下完成上一步你需要做的事情。

5. 继续反向计划,以倒序想出并写下你的计划。你需要进行几步,没有限制——只要能够让你清晰地从"终点"(达成MOST目标)到达"起点"(现在的状态)。

你一步一步走向"起点",就意味着你有了一份完整的、需要一步一步遵循的计划。

你的反向计划是这段旅程的实时视觉图解。正如最优秀的运动员会告诉你:你能看到它,你就能做到。你的反向计划帮你越过了改变中最大的困难——行动需要的第一步。

两个月后韦斯再次来见我的时候,让我看了他的反向计划。他的计划已经进行了一半多,减重14磅(约6千克),是有史以来减重最多的一次。"我必须承认,中间有连续三天,我都失败了。"韦斯告诉我,"那天是我同事的生日,我们一起出去吃了洋葱圈、奶昔和双层汉堡。实在是太好吃了,于是接下来的两天,我又去了那家汉堡店。在第二天晚上,我对自己实在是太生气了。但是紧接着我又吃了一顿。"

"这没什么,韦斯,"我说,"我们有时确实会有同伴压力[①]。我

[①] 同伴压力指个体渴望被同伴接纳、肯定而选择按照同伴规定的规则行事所产生的一种心理压力。

相信，你的同事只是以为你依旧喜欢吃汉堡和薯条。"

"确实如此。但我不想解释我的'两个法则'，怕万一失败。而接下来的两个晚上，我确实都失败了。"

"听起来好像你又回归到原本的状态了。我们摒弃旧习惯的动力是浮动的，韦斯。这时，你就要对自己宽容一点儿了。"我说，"我想知道是什么让你再次回归你的MOST目标？"

"我希望告诉你，是因为我不想让你或让我自己失望。"韦斯羞涩地笑了笑，"但事实是，有一位非常优秀的单身女士，就是我经常带孩子们去的那家杂货店的老板娘，她告诉我，我看起来越来越好了。"

我笑了起来，韦斯也跟着笑了。

"嗯，看起来改变并没有特别困难。"我说。

见证像韦斯这样的患者通过努力实现自己的MOST目标，并在努力的途中体验到全新的幸福，是一种非常美好的事。

追求幸福

如果我问你一个非常宏观的问题，例如："你想从生活中得到什么？"你可能会说："我想获得幸福。"实际上，"如何才能幸福"是近五年来谷歌搜索最多的词条之一，尤其是在2020年全世界都在隔离时，这个问题是很多人关心的。这可以理解，不是吗？幸福是大家梦寐以求的目标，不只是我的患者，也是全球所有人的心愿。

幸福并不能帮你找到"为什么"要做出改变的答案，因为幸福是一个模糊且不断变化的目标。我们都想获得幸福，这是地球上所有人共同的渴望。但研究表明，我们并不擅长预测什么会让自己获得幸福。鉴于此，明确你的终极目标、MOST目标，以及每一步都非常重要的反向计划，是非常有必要的。因为它们是具体的、可实施的，而幸福相反。

瑞安（Ryan）今年36岁，是一家音乐公司的高管，他因无法控制自己的焦虑来见我。他曾在音乐行业和一些业界顶级大拿一起工作，毫无疑问，他的生活令很多人嫉妒。他有三套公寓，一套在曼哈顿，一套在阿斯彭，还有一套在巴黎。他夏天生活在地中海，冬天在阿斯彭。为了取得现在的成功，他付出了艰苦卓绝的努力，但现在他时常遭受严重焦虑的煎熬。

"你可能觉得，以我现在的成就，几乎想买什么就能买什么，一定很开心，但并不是这样的。"瑞安第一次来我办公室时如是说，"我感觉自己从里到外都在发抖。我每晚都在房间里踱步,几乎一整夜。有时,我的胳膊和嘴唇有刺痛感。我太焦虑了,连书都读不了。"瑞安找了精神科医生进行药物治疗,同时还找了一个心理治疗师。

"他们是我唯一可以畅所欲言的两个人。我曾是最善于社交的,但现在不是了。只要一有机会,我就会从后台的后门溜走,避免和陌生人见面或交谈。"

他是带着明确的目标进入这个行业的。他非常热爱音乐,觉得自己和音乐界有着难舍难分的缘分。在职业生涯之初,对于工作带来的锦衣玉食,他曾甘之若饴——派对、名牌服装、豪车、金钱及高档餐厅,他完全沉溺在奢靡的生活中。但入行10年后,频繁出差及连续倒时差对他的健康造成了负面影响,他开始对自己的成功感到麻木,渴望做出改变。

听了他的故事后,我问瑞安:"在你干这行之前,什么让你觉得幸福?"

"我不知道。"瑞安说,"进入这行之前的生活,我几乎没印象了。"

"那再往前想,在你还不到工作的年龄时呢?"我继续问道,"在你还是孩子或者少年时,你最向往什么?"

瑞安自我们见面以来第一次露出笑脸,说:"我最幸福的时光是和我祖父在一起的日子。即使已经70多岁了,他的身体还是非常好。周末,我会到新罕布什尔州看他,我们一起到白山徒步。"

在回忆这段经历时,瑞安的脸部和肩膀是放松的,呼吸也放慢了速度。"那时真的很美好,"他继续说道,"我们会选一条陡峭的小路,爬到最高点,然后坐下来聊天。我们能看到隼,有时甚至能见到一只鹰。即使是下雨天,我也很喜欢。晚上,我们会在祖父家的后院里点燃篝火,我会给他弹吉他。"

"你现在还弹吉他吗?"我问他。

"有10来年没弹了。真是奇怪,就是因为喜欢弹吉他,我才一个劲儿地想要进军音乐界,"他说,"但是现在我一点儿都拾不起来了。"

"你没兴趣了吗?"

"不,我很想念弹吉他的时候,我也很想念我的祖父,他四年前去世了。为了纪念他,我在阿斯彭买了一套公寓,但不是以前那种感觉了。"

"对于你祖父的事,我真的感到很遗憾。但你仍然喜欢弹吉他,是吗?如果你想的话,你还是可以去爬山的,对吗?"

瑞安点点头,已经知道我要说什么了。

他离开办公室之前,我们一起订了一个计划,帮助他缓解压力和职业倦怠。我建议他遵循"两个法则",从他最喜欢的两件事开始。

瑞安承诺,每天至少弹20分钟吉他,纯粹为了享受弹奏的快乐。他不需要给任何人表演,也不需要弹得很好听,目的就是感受他对音乐的热爱。

虽然他出差的地方并不总是能徒步旅行,但他承诺会以其他方式走进自然,每天都出去散步。我想让他看看天空、树木或周边随便什么自然事物,即便只是在城市的街区里放松地走一走。

接下来，我和瑞安有四个月没有见面，但我们一直保持邮件往来。两个月过去之后，他发邮件说自己有明显的改变。他重新安排了工作日程，减少了出差频次；他花更多的时间在阿斯彭——离山很近的家里；他最近加入了一个登山俱乐部，经营俱乐部的人让他想起了自己的祖父；他每天都弹吉他，准备加入一个吉他俱乐部。

通过重新定位自己的生活，从事能够带来内在愉悦的活动，而不是追求他人的认可，瑞恩重置了压力——这曾对他的睡眠和焦虑造成连锁反应。所有这些变化对他的神经系统来说，都是一种安慰。

几个月后，我私下里和瑞安见面时，看到他显然像是变了一个人。

他沉着冷静、目标明确、求真务实，他的焦虑得到了更好的控制。他的神经内科医生甚至考虑在密切观察下减少药物剂量，因为他表现得非常稳定，比前几年的状态都要好。

四个月后，瑞安重置了他的大脑和身体，并能够逐步控制他的焦虑。

瑞安享受着丰富的物质生活，但他仍被困在"生存模式"里，找不到出路。也许你会好奇："他为什么不自己找个出路，然后快速做出改变呢？他怎么还偏离轨道这么远？"

他进行的改变很小、很简单，随时随地都可以进行——每天弹吉他、徒步，但鉴于他的杏仁核一直超速运转，他自己很难走出去。

当涉及你和自己的生活时，为什么朝好的方向改变会成为需要努力才能做到的事情，而不是因为会感觉更好、更幸福，于是你轻轻松松就可以做好呢？结果证明，幸福有两种，它们对你大脑和身体产生影响的方式也不同。幸福是复杂的构想，要运用多个不同的大脑区域，但其中一种幸福比另一种持续时间更长，而瑞安原本追逐的是那种不长久的幸福。

两种幸福

第一种幸福叫作享乐型幸福（hedonic happiness）。瑞安的生活最初就是被这种幸福填满的，这是以娱乐和消费为主的幸福。美味的晚餐、奢华的度假及疯狂刷剧，就是现代社会典型的享乐型幸福——一件东西多少钱不重要，重要的是它带给你的感觉。

你深陷享乐型幸福时，比如给自己来一杯加奶油顶的超大杯咖啡，沉迷于最新的电子设备，或者给自己买一双新鞋，都是在给自己的大脑和身体买礼物。在这些时刻，你的大脑被多巴胺——愉悦激素——填得满满当当，你会感到一股喜悦之情瞬间涌遍全身。这种幸福对你的大脑来说非常真实，它的作用非常重要：它给你的大脑和身体一个短暂但必要的喘息，将你从日常生活中解放出来。允许自己偶尔来一点儿享乐型幸福，可以暂时释放压力，减慢压力累积的速度。但就像压力是否健康取决于其大小和频率那样，享乐型幸福也是如此。

如果只是微不足道的享乐，那么它可以对你的心理健康起到非常重要且关键的作用。但如果你过度且频繁地依靠享乐，它就会逐渐对你的大脑和身体失去了吸引力。你不能像瑞安一样，将享乐型幸福作为你的首要幸福来源，因为它的作用稍纵即逝。就其本质而言，享乐型幸福是为了勾起你更多的欲望。这种现象叫作"享乐适应"（hedonic treadmill）[①]。

科学家们认为，对于可以体验到多少享乐型幸福，我们每个人的阈值不同。之所以称其为"享乐适应"，是因为除了刚开始你能从这些享乐活动中获得喜悦和刺激，大脑最终还是会回到幸福感的基线水平。你可以追求享乐带来的快乐，但无法让这种快乐持久。

一位叫黛布拉（Debra）的女性这样描述享乐："当某一周我工作特别累的时候，我会到路易威登（LV）或者古驰（Gucci）的店买个喜欢的包。这里的销售员总是热情满满，对我非常重视；商店里所有的东西都很漂亮。所以，在那里我很开心。然后，她们帮我把新包装起来，就像包装一份特殊的礼物，再放进一个精致的购物袋里，让我拎着出门，而我就像在天堂里。然而几周后，当同事们不再对我的新包赞不绝口，我短暂的快乐就戛然而止了，这个包也就成为我衣橱里又一个普通的包了。我工作中的压力一点儿也没变，但我下个月的信用卡账单给我带来的压力更大了。"

"享乐适应"有多种形式。例如，第三块蛋糕不像第一块那么有吸引力，四处移情就会对感情失去新鲜感。随着时间的推移，享乐的快感会变得不那么令人感到兴奋，因为大脑中最初激增的多巴胺会趋于平稳。你可能会因为渴望越来越多相同的东西而上瘾，或者你开始寻找新奇的东西，感受另一种瞬间的快乐。

这不是大脑的设计缺陷，"享乐适应"实际上是一种大脑保护机

[①] 享乐适应也译作"快乐水车"，指某些事物带给我们的短暂兴奋感逐渐消退时，我们又会开始追求别的东西，如此周而复始。

制。研究显示，不管经历是美好的还是凄惨的，人们最终会回到最初的幸福感基线水平。不管你的外在经历是积极的还是消极的，享乐型幸福只是通过打开压力水壶上的蒸汽阀来帮助你暂时缓解压力而已。

开了整整一天会，发表完演讲，忙于养育子女，甚至是在写这本书时，我都渴望着能好好地刷两个小时的电视剧，或是狂欢一下。即便只有一丁点儿私人时间，上网购物也能让我的多巴胺飙升。水疗是我最喜欢的休闲方式。这些快乐的瞬间可以作为熔断机制，在我的应激反应失常时起到绝佳的作用。但毫无疑问，这些只能作为暂时的修复工具，从长远来看，它们对重置大脑、减轻压力起到的作用非常有限。

我们不能仅仅依赖享乐来缓解压力，因为"享乐适应"一直在后台保持运作。为了长期缓解压力，我们要学习利用自己的生理特性。这时，一种全新的、不同的幸福就出现了。这种幸福叫作成就型幸福（eudaimonic happiness），它能够彻底治愈我们因不健康的压力而出现的症状。

我听凯文（Kevin）说："我是一名景观设计师，有人找我帮忙设计一个社区城市花园。这个项目是为那些低收入家庭服务的，让他们可以在一块旧建筑拆除后遗留的空地上种菜。虽然我曾为一些高档办公楼设计过绿地，但我真的很喜欢这个城市花园项目。我在当地实施计划，帮助孩子们种植甜椒的时候，甚至不会看手机，也不去想现在几点了。虽然工作量非常大，但我感受到了前所未有的幸福。而且，我有一个意外收获：我的医生告诉我，我的血压降低了！"

成就型幸福不是像享乐型幸福一样主要关注快乐和享受，它聚焦于价值和意义。人类是一种追求意义的、目标驱动的生物，这就让成就型幸福成为我们缓解压力之旅中的宝贵财富。我们可以不断创造新的价值和意义，而不必担心其带来的影响会转瞬即逝，因为成就型幸福不存在"成就适应"。

生活中你有过很多成就型幸福，只是你不知道，或是不这么称呼它们。想想那些让你感到平静和满足的经历，从长远来看，这些活动将是引导你成长的体验。这些成就感体验给你一种归属感、社区感、联系感和利他感。为某件事付出时间，例如修整花园、学习乐器、绘画，或者为邻居建一个轮椅坡道，都是可能提供成就型幸福的经历。

价值和意义是成就型幸福的核心，且个性化程度也很高，因此让你感觉有成就感的事情可能和其他人大不相同。不管什么形式的成就型幸福，一旦你感觉到价值和意义，你的大脑和身体就会意识到正在发生的事情，并以一些显著的方式做出反应。

一项研究对80个人就"享乐型幸福和成就型幸福"进行了评估。研究人员观察了这些人的基因组即DNA编码，发现了两种幸福感在基因表达上的显著区别。成就型幸福感与更强的抗病毒、抗体反应及更低的炎症标志物水平有关，而较高水平的享受型幸福感则相反。就该研究而言，炎症标记物水平越低越好。这是第一个显示这两种幸福感的基因差异的研究。它说明了一个关键问题：并非所有的幸福感都是一样的！

研究人员认为："做好事和感觉良好，在人类基因表达上呈现出明显的不同……显然，人类基因组对获得幸福的不同方式要比有意识的大脑敏感得多。"

正如该研究显示的,我们的身体很善于分辨这两种不同的幸福,难题在于我们并不擅长此道。

什么让我们幸福

为了获得幸福，我们绞尽脑汁并耗费了大量时间，但实际上，我们并不擅长找到究竟是什么让我们感到幸福。我向耶鲁大学心理学教授、播客"幸福实验室"(*The Happiness Lab*)的主持人劳里·桑托斯(Laurie Santos)博士询问了这种情况发生的原因。

"如果你问人们，他们认为什么是真正的幸福生活……（可能）是躺在沙滩上吃冰激凌——什么压力都没有的事情。涉及压力和幸福，人们常有一些错误的理解。其实，有一点压力是好事。"桑托斯说。

正如我们已经讨论过的，压力是让你身体机能健康的必要部分。事实证明，压力对你的幸福也至关重要。

"幸福是多层面的，"桑托斯继续说道，"有意义的付出让你获得满足感……因为做这些事情（对你来说）非常有意义。这感觉很好，因为你处于心流（flow）状态。"

心流状态，这个术语由心理学家米哈里·契克森米哈赖（Mihaly Csikszentmihalyi）创造，指人完全沉浸在一项活动中时，感受到的轻松、掌控、享受和永恒的感觉。

桑托斯说："在一周繁忙的工作后，人们在放松时不必想着要进入心流状态。"对此我非常理解。经历了漫长的一周，我只想做最简单的事情，例如订外卖，以及在流媒体上刷剧。我知道这不会提供持久的幸福，但当下它确实提供了短暂的满足感，在漫长、艰难的工作周后，有时这是非常必要的。作为压力的临时阻断器，享乐型幸福的存在是合理且有价值的。辛苦工作了一天之后，分散注意力是一种可行的压力应对策略，而在需要的时候，享乐体验是一种很好的分散注意力的方式，只是你不能过度依赖它，企图靠它获得永久的幸福。

桑托斯还说，我们对休闲活动的理解并不总是准确的。那些轻松悠闲的享乐体验很快就会变得无聊、失去吸引力，就像瑞安最后经历的。参与一些对大脑有更多挑战的休闲活动可以帮助你创造心流状态，从而进一步建立更重要的、更长久的幸福。

实际上，最理想的状态是在短期的享乐满足和长久的、有价值及有意义的心流体验中找到一个平衡点。这两种幸福都给你的生活带来了价值，但只有一种会给你的大脑和身体带来可持续的好处。有时你在享乐的"跑步机"上狂奔时，可能会遇到意想不到的危机，让你重新评估生活中最重要的是什么。

卡门（Carmen）的肿瘤医生介绍她来见我，因为她最近被确认为卵巢癌Ⅳ期。她的肿瘤科医生直白地告诉她预后较差，但她还是想尝试试验性治疗，看看是否可以减缓癌症的进程。卡门62岁，是一位律师。多年来，她一直保持长时间、高强度的工作，而且经常同时办理好几个案子。

"我常告诉自己，等我快退休的时候就缩减工作时间，"一个温暖的四月午后，她在我的办公室里这么说道，"但事与愿违。找我的客户越来越多，我的工作时间也越来越长。"

她停下来，看我是否明白她的意思。我明白。我们做的工作都是帮助陷入麻烦的人，我们很难拒绝他们。我非常理解卡门。

确诊癌症后，她尝试继续在接受治疗的同时办理成堆的案件，以分散注意力。但这对她来说负担太重了，她只能放弃自己的工作。

停止工作似乎让她感到很愧疚，她说："我不是轻易放弃的人。如果可以，我会一直干到80岁。"

"你想念你的工作吗？你享受它吗？"我问。

她的答案出乎我的意料。

"并没有。我年轻的时候非常喜欢，但过去十几年来，我并没有特别享受我的工作。"

卡门家境贫寒，而且用她的话说，"好不容易才出人头地"。她对自己取得的成就非常自豪。她自学成才，打拼自己的事业，为她和家人提供了可靠的生活保障。

"我从来不觉得我得到的一切都是理所当然的，但这个诊断伤害了我，"她说，"它让我开始怀疑一切。"

卡门急需重置。"没有工作，我真的不知道该干什么。如果我不能说'我是一名律师'，那我是谁？我不想只被当作一个正在接受治疗的癌症患者。我需要一个身份。"

"我们可以一起找你的另一个身份。这次，打开一扇新的大门，做一些让你幸福的事情如何？"我问。

"这个主意很棒，我喜欢。"卡门说。

"什么事情能让你觉得幸福呢？"

卡门语塞，想了想说："我已经很长时间没有问自己做什么事能带来快乐了。我做的所有事情都是为了其他人或组织——我的家人、客户、社区，从来都不是为我自己。"

我读了卡尔·荣格（Carl Jung）的一段话，请她反思一下："你小时候做过什么，让你觉得时间飞逝？这里面存在着你追求人生目标的关键。"

卡门一下子来了精神，说："我小时候喜欢做手工。我可以花好几个小时用黏土做小人。我的姐姐和我会在门前的台阶上玩一下午。这是我自己的小世界，它给我带来了很多快乐。"

然后她说："事实上，我现在住的这栋房子，我买它就是因为门前的台阶让我想起了孩童时期的快乐午后。我们甚至会坐在台阶上写作业。现在，虽然我的门廊上放着高档的藤编家具，但我只是从旁边走过，从来不花时间坐下来，静静地感受时间的流转。"

"我们就从这里开始吧！"我说。

我建议她遵循"两个法则"：在她离开我的办公室后，开始培养成就型幸福，专注于她可以做到的两件事。我希望她因为喜欢才做这些事，不考虑外部的声音或赞美。

"让我们给你的日常生活加两件让你高兴的事情。所以今天，在你回家的路上，拐进一个艺术品商店，买一些黏土。在接下来的一个月里，请至少一周制作一个雕塑。做的时候不要进行自我评价。你做这些不是为了向任何人展示，你只是为了你自己。"

"你要做的第二件事情是，"我继续道，"花些时间，利用你门廊上的藤椅，在天气暖和的时候保证每周躺几次，每次30分钟。这是接下来的一个月里,你要遵循的'两个法则'。"

"这就是给我的处方?坐藤椅,什么也不做?"卡门不可思议地问道。

"你可以阅读、书写,或者做任何你想做的,"我说,"但是我认为,什么也不做,就看着时间流转是最好的。"

"听起来太棒了!"卡门说。

卡门的"起点"看起来已经非常明了了,因为当她回忆起孩童时光时,她的脸上露出了纯粹的笑容。

卡门还有一个成熟的医生和心理学家组成的团队,对她进行基本护理,包括睡眠、饮食及压力应对等。我们的见面是另一个层面的,我的工作是为她的治愈之旅提供支持。

被治愈和被治好是有区别的。如果你的病没有治好,你仍然可以被治愈。治愈是朝着积极的结果前进,抛弃消极的模式和情绪,除了身体上的症状,精神和情绪上都被治好了。不管卡门的癌症治疗进展如何,我的工作就是治愈她。

创建温暖的、联系紧密的、松弛的医患关系,不仅只是善意的举动,这对患者的健康也起着积极的影响。研究显示,那些提供支持、安慰及善意的医生,可以帮助患者缓解不适,减轻症状。"医生对患者的所说所做,直接影响着他们的健康状况。"两位心理学专家说。从医学的角度来看,目前卡门处于侵袭性癌症晚期,很难痊愈。但我们一起努力,可以帮她在困难重重、让人泄气的治疗过程中减轻压力,创造价值和意义。不管你是否和卡门一样面临着健康问题,找到一个让你在治疗过程中感觉被治愈的医生是很有帮助的。

四周后再次见到卡门时，我被她的变化惊呆了。她几乎完全实施了我们制定的两条策略！她沉迷于黏土雕塑，并在家里创建了一个小型的艺术工作区，摆放她不断创作出来的作品。她给我带了几张作品照片，可以看出她很有天赋。她还几乎每天都在藤椅上躺30分钟。她说，这两个活动给了她太多的快乐。

在卡门的治愈之旅中，我每月见她一次。她的雕塑作品越来越大，也越来越精细。她告诉我，一个朋友说她的作品太棒了，想给她办一个展览。展览已经在筹备了，只要她同意就可以开始了。当我问她感觉如何时，她说："我已经很久没有这么充实和满足了。"然后她开玩笑道："我能有现在，多亏确诊了癌症！"

在之后的日子里，卡门依然实践以上两条策略。在多年的实践中，我遇到过许多像卡门一样的患者，他们在确诊了不治之症后，彻底改变了生活。通常，他们会变成他们原本打算成为的人——因为各种缘由，他们一直没有付诸行动。

我常常想，为什么只有在确诊了非常严重的疾病后，我们才能审视自己的生活？难道没有一个更加温和、友好的方式，帮助我们找出什么是对自己最重要的吗？

在这里我想告诉你：从今天开始，你就可以找到一些更具新生意义的幸福。这是你每天都应该为自己做的事情，没必要等一场大危机来了再开始。事实上，现在找到成就型幸福，也许可以避免之后出现更严重的危机。

这就是你的"金丝雀"可以帮你的地方。很多患者向我描述过一个特别的时刻，即某一刻，他们突然意识到自己需要做出一些改变。但不是像电影里演的那样，在一段美妙的旅途中，你来到一片阳光明媚的草坪上，反思你生活的时候。现实通常是某个周二的下午，这一想法出其不意地闯进你的脑子。你对现在的状态忍无可忍，迫不及待地想要做出一些改变。你体内的"金丝雀"的示警再也不可忽视。我的那个时刻是晚上10点，那时，每天晚上都有一群"野马"在我心里狂奔。你的时刻会是什么时候呢？

技巧3：找到被埋藏的宝藏

1. 不要仔细考虑，凭直觉写下你过去或者孩童时期带给你快乐、让你觉得时间飞逝的五件事情。

2. 选择其中的一到两件不影响你的日常生活并且明天就可以着手做的事。

3. 整理进行这些活动需要的用具：画笔和颜料、乐器、运动鞋、模型套件、园艺工具，或者一辆自行车？很有可能你家里正好还有这些东西。

4. 每天花10~20分钟做其中一件事，即使只是骑自行车在街上逛逛，随便画点东西，给花盆装点土，或者随便玩玩乐器。即便每天只做5分钟，也会有一些不同。不管付出多少时间，它都会对你的大脑产生积极的影响。

5. 每天做完这些活动后，在日历上标注一下。即便忙碌，也尽量每天坚持。如果中间会跳过去几天，也没关系。你可能已经很久没有自己享受纯粹的乐趣了，重新开始吧。

6. 如果你每天都坚持打卡，给自己一点儿奖励！今天，你为自己的大脑做了积极的事情，你正在慢慢重置大脑来获得持久性的幸福。

可能性的力量

既然你已经明确了你的"为什么",找到了你的终极目标及MOST目标,那么请思考一下梦想成真的可能性。不一定是现在,这可能不现实,但它可能在不久的将来实现,因为它比你想象的更触手可及。

为什么要费心去思考这种可能性呢?因为这样做可以激活一种"物理定律",帮助我们的大脑和身体为改变做好准备。物理学中有两种类型的能量:动能和势能。动能是因运动而具有的能量,而势能是静止的惯性。根据艾萨克·牛顿(Isaac Newton)的理论,能量是不能创造或破坏的,它只能改变形态,从动能转变成势能,或从势能转变为动能。我们展望未来,思考MOST目标成真的可能性时,就会唤醒沉睡的势能,使它成为变化的动能。

在现实生活中,我们实际上一直在利用可能性的力量,尤其是下了很大赌注的时候,比如职业体育运动。在所有人群中,职业运动员也许是对身心联系的依赖程度最高的。运动员知道,他们在赛场外的心理比赛和在赛场内的身体比赛具有同样的价值。在所有的训练计划中,运动心理学家都是不可或缺的,因为他们可以帮助运动员重置大脑通路,设想比赛之后的成功(可视化)。传奇篮球明星迈克尔·乔丹(Michael Jordan)、网球运动员塞雷娜·威廉姆斯(Serena Williams)、奥运会游泳冠军迈克尔·菲尔普斯(Michael Phelps),还有许多其他优秀运动员,都曾提及他们利用可视化的力量取得了伟大成就。也许,可视化也可以帮你取得非凡成就。

如果你目前不太想做出改变，完全没问题；如果你对自己到底能否重置大脑来减轻压力、重获复原力心存疑虑，也没有问题。但不管怎样，请你相信这个过程的物理学原理。怀疑是改变过程中健康的、正常的一部分，我喜欢那些具有质疑精神的患者，因为如果真的发生了改变，他们往往是最兴奋的。用科学术语来讲，他们的自我效能感增强了，或者说他们提升了相信自己有能力进行改变的信念。这就是为什么我让你从细微的事情开始改变，因为这样可以建立对自我效能感的信心，并相信自己有能力将能量从势能变为动能。

爱德华·菲利普斯医生和我分享了一件事，它可以作为小进步慢慢转化为更大的自我效能感的例子。他的一位患者不太喜欢散步，但答应和她的朋友一周散步两次。坚持几周后，她再来见菲利普斯医生时，脸上充满了笑容，说："我知道我说过要每周散步两次，但我没遵守约定。我喜欢和我的朋友见面，而且天气也越来越好了。所以，我一周散步五次！"

"我们的身体有很强的适应能力，这是基本的生理机能。"菲利普斯说，"我们的心理也有同样的适应力，我们渴望自己变得更好。我认为，从本质上讲，人人都想变得更好。"

在现代生活中，我们应对压力和职业倦怠的能力越来越弱，是因为没有考虑到底是什么在消耗我们的时间和注意力。如果我们知道更多，就可以做得更好。我的很多患者在得知每天都做的事情就是造成压力的罪魁祸首时，非常吃惊。知道这一隐藏的持续性压力的来源后（我们将在下一章继续讨论），他们意识到自己每天都有无数的机会来练习和完善自我效能感。

正如你现在所知的，"第一次重置"是确定和制订一个减少压力的计划，同时让你每天有所期待。你可以像韦斯一样，选择一个合理的MOST目标，并且知道三个月内达到这个目标就可以获得动力和成就感。一旦设立了MOST目标，你就可以利用反向计划，一步一步将其成果可视化。最终，在实现三个月的MOST目标的过程中，你可以像瑞恩和卡门一样，通过"找到被埋藏的宝藏"来缓解压力。这种你可能已经搁置了很长时间的简单的快乐，将帮助你培养持久的成就型幸福。

第一次重置及重置技巧将为你的整体提升奠定基础，让你减轻压力，增强复原力，所以一起继续吧。在第二次重置中，你将学习如何在这个喧嚣的世界中找到一丝宁静，如何保护你的心智带宽，让大脑和身体得到本该享受的休息。

THE
5 Resets

第四章

———

**第二次重置：
在喧嚣的世界中找到一丝宁静**

开完员工会议回来时，我发现办公室的门上贴着一条写有留言的便签。那是我之前的患者尼科尔（Nicole）写的，她说必须要告诉我，她身上发生了什么。

去年，我和她密切接触了五个月，帮助她缓解高压力和她口中的"我的注意缺陷多动障碍（ADHD）"。她已经看了精神科医生，确定自己没有注意缺陷多动障碍或多动症，但她告诉我，她无法完成项目，总是魂不守舍。她想知道该如何管理自己的压力，让自己保持更长时间的专注力。

我们制定了两条策略，让尼科尔的注意力得到了显著提升。她目前正在做的，就是在喧嚣的世界中找到一丝宁静。

接下来的休息时间里，我给她打了电话，心里有点不安，担心她是不是遇到什么事，造成了急性压力。

"我接下来要说的，你一定不信。"尼科尔说着，放声大笑起来。

我长长地舒了口气。我可以从她的声音里听出她很兴奋，她的状态比应对压力时好多了。

"最近怎么样?"

"两个小时!整整两个小时,我看都没看它一眼!"尼科尔告诉我,"实际上,我连放它的抽屉都没打开过。我必须把这一里程碑式的成就分享给你。"这时,我也跟着笑了起来。我知道她说的"它"是什么——她的智能手机。

生活中最有害的关系,很可能正在你的掌心发光——你的智能手机。研究表明,你和手机的关系严重影响着你的压力水平,并且消耗了你大部分注意力和心智带宽,其影响远远超过夫妻关系、亲子关系、亲戚关系及同事关系。你可能认为智能手机是无害的,是日常繁重工作的调节剂,但实际上,它起着相反的作用。它重新连接了你的大脑,让其承受了更多的压力。最新的统计数据显示,我们大多数人每天耗费在手机上的时间有5~6个小时,每天触摸手机约2617次!

智能手机并不是生活中唯一给我们造成压力的电子噪声源。所有的电子设备,包括有线电视、平板电脑、台式电脑,都会消耗我们的精力和注意力。大多数人都知道,在这些设备上耗费太多的时间对自己"不好",但作为医生的我可以告诉大家,它们对我们的大脑、压力水平甚至是整体健康造成的负面影响,远远超过我们的认知。

第二次重置——在喧嚣的世界中找到一丝宁静,将帮你和这些给你造成压力的电子干扰源划出一个实际可行的界限,同时教给你一些新的技巧,让你重新获得被不健康的压力剥夺的、恢复性的深层睡眠。这不是你自己的错,但作为现代社会的公民,你一直在不知不觉中削弱大脑重置和恢复的功能。第二次重置教给你的技巧可以帮助你重新获得大脑需要的良好的休息和复原力。

尼科尔说她已经好几个小时没有看手机了，这对她来说是一个巨大的飞跃。与我见面之初，她手机不离手。实际上，手机一度成为她生活中最重要的部分。陷入这种耗费精力的关系的人并不只有尼科尔，我们大多数人都沉迷其中。但是，她改变了这种模式，现在可以两个小时不玩手机，只专注工作。这件事让她非常兴奋。对于一个小时要看十几次手机的人来说，这实在是一个了不起的进步。尼科尔的经历证明了我们所有人都可以改变和电子设备的关系，因为我们都需要在喧嚣的世界中找到自己的宁静。

通过实施制定好的两条策略，尼科尔弄清楚了她的注意力都用在什么地方。你也会弄明白的，而且很快你就会重获精力和心智带宽。

心智带宽是什么？心智带宽是大脑集中注意力、学习新知识、执行决定及保持在正轨上的能力。你的注意力一直被其他外部力量无休止地争夺。

你可能会想："这有什么大不了的？所有人都用手机发短信，看邮件和社交媒体。这就是现代生活。"虽然多元化的电子设备为你的生活提升了效率，带来了便捷，但你的心智带宽有人类的局限性，它不是一种供应充足的无限资源。就像你的身体运动过度时会感到劳累，你的大脑也会。

你可能像我一样，也在承受各种压力的烦扰：工作压力、家庭责任、健康状况甚至是挤出时间追求个人兴趣。各种压力之间的拉扯很容易让你感到筋疲力尽。你感到自己的心智带宽枯竭后，如何在应对压力中取得进展呢？只有一个方式，即在你最宝贵的资源——注意力——周围划出一个界限。

设计你自己的电子界限

我们对手机的依赖可能会引起以下情况：压力相关疾病恶化、情绪障碍、睡眠障碍、易怒、过度警觉、焦虑、注意力不集中，以及难以完成复杂的任务。这些还只是你使用手机的时候。研究显示，只是把手机摆在旁边不用，也会消耗你的脑力，因为它可能会分散你的注意力。这种现象叫作脑力流失（brain drain）。

事实证明，你手里拿的这个小小的、没有生命的东西，对你的注意力、大脑健康及压力都有极大的影响。抑制它对你影响的唯一方式是：设定一个界限，不要过于依赖它。第二次重置的目标不是让你戒掉手机，从科学的角度来看，这是不现实也是不必要的。一项针对619人的调查显示，减少智能手机的使用频率而不是完全戒断，会带来更强的幸福感及更持久的心理健康。

因此，我不会要求你完全脱离电子设备，放弃现代科技。科技常常令人惊叹，它让我们获得信息，与他人保持联系，并融入社会。随着人工智能被引入许多行业，科技已成为现代生活的重要组成部分。然而，意识到它可能盗取你的心智宽带，对于缓解压力并从职业倦怠中恢复是非常有必要的。

第二次重置——在喧嚣的世界中找到一丝宁静——并不是让你完全不用智能手机。就像我给很多患者的建议，要重新审视你和手机的关系。你要控制手机，而不是让手机控制你的所思所想及感受。我想教你如何在你的注意力周围设立一个健康的界限，这样，你就可以将注意力集中在缓解压力之旅中最重要的事情上。就将我当作你的人际关系教练吧。

你可能不认为你与手机关系会影响你的压力，我的大多数患者一开始也都不理解这种联系。他们认为智能手机是一种让他们的生活更加轻松的电子设备，从很多方面来看，确实如此。我们不用再把车停在路边，找公用电话打电话了；我们随时都可以跟家人和朋友发信息；我们几秒钟内就可以得到导航信息，而不用将地图铺在仪表盘上，找出哪边是北、哪边是南。试想，谁不喜欢智能手机带来的这些便利呢？然而，我们大多数人并没有只在必要时使用智能手机，而是以一种不健康的方式使用它——除了白天，有时甚至熬夜使用手机。

有一个非常简单的方法可以测试你对手机的依赖度。手边放一张纸和一支笔，待三四个小时。每当忍不住看手机时，你就在纸上做个记号。即使没有真的拿起手机，每次只要想玩手机的想法窜进脑海，你也尽量诚实地记录下来。

我的大多数患者和朋友都被他们纸上的记号数量惊呆了。一位朋友甚至尴尬地开玩笑说："真是难以置信！我不仅把这张纸的正面画满了，还得翻过来用背面。我知道我们每小时要呼吸960次。基本上，我每呼吸一次就想看手机！天啊！"

我是来帮助你们的，不会对你评头论足，因为我没有资格批判我的朋友或其他任何人。相信我，我和你们一样。我知道有关压力和媒体使用方面的所有科学知识，但我还是会每个小时不自觉地查看好几次手机。这些小小的设备对我们的心智带宽有大的影响。

当注意到这种现象发生在我的患者身上时，我就清楚地知道，应该将他们的社交媒体使用情况和他们对智能手机的心理依赖度作为临床治疗方案的一部分。在很多患者身上，我都亲眼见证了科技对人的压力通路产生了何其巨大的影响。

朱利安（Julian）就是这样的患者之一。他来见我是因为他感到非常疲惫，但他的家庭医生给他进行了全身检查，不管是血压还是心脏，都没有问题。他的疲惫已经干扰到他身为火车售票员的工作，他来见我的时候筋疲力尽、烦躁不安，他的情绪和生活质量已经受到了负面影响。

朱利安一直非常喜欢他的工作，但这是他17年来第一次不想上班——他太累了，只要有机会，就钻进休息室小憩。以前他是最能加班的人，但现在再也不是了。实际上，由于疲惫，他甚至开始缩减工作时间。

他也注意到了自己性格的变化。之前，他觉得自己"随遇而安""性情温厚"，但这几个月来，他变得烦躁、易怒。"就好像我总是提心吊胆的，"他说，"我也不知道自己为什么如此焦虑。"

我问他下班后都做些什么。"我是个时事狂人，"他骄傲地告诉我，"我知道世界上所有的事情。"

当我问他有多关注突发新闻和时事时，他说："只要我在家，只要醒着，甚至有时睡觉时，我都在关注。"

我笑了，以为朱利安在开玩笑，但他是认真的。

他的一天从早晨6点开始。起床前，他会从床头柜上拿起手机，看看新闻头条，然后一边吃早餐一边看新闻视频，最后在卧室一边换衣服准备上班，一边看电视。工作休息时，他也会看新闻头条；午餐时也是如此。回到家后，他会开着新闻节目当作背景音，然后开始做饭。接着，他会开着24小时新闻节目直到睡着。

"在过去的几年里，我对新闻报道真的感到很困扰，"朱利安告诉我，"我花在新闻上的时间越来越长，几乎每天晚上都熬夜，这远远超过我预计的时间。很多个晚上，我就在沙发上睡着了，起来的时候电视还开着。"

他原本没打算一整晚都开着电视，但现在这成了习惯，不开着电视他就睡不着。因此，朱利安说他所有醒着的时间甚至睡觉的时候都在使用社交媒体，不是在开玩笑！

最近他和一群朋友一起户外烧烤，几个朋友善意地取笑他，说他手机不离手。其中一个甚至开玩笑说，朱利安应该去当新闻主播。

我问他："你觉得你的朋友们说得对吗？"

"朋友们都知道我是个时事狂人，"朱利安说，"他们显然没想过这个世界现在有多么糟糕，真的是烂透了。每分钟都有新的事情发生，我很难跟上更新速度，但我一直尽量实时了解最新动态。"

"也许他们不需要知道世界上每分钟都发生了什么事，"我建议道，"从你的描述来看，他们似乎感觉虽然你和他们在一起，但是你又没有真的和他们在一起。"

"当然，可能吧。我当然可以感受到这一点。"朱利安一边说着，一边快速地瞥了一眼手机上弹出的新闻。然后他看向我，害羞地笑了笑，说："好吧，我想事情已经失控了。"

朱利安的疲惫、睡眠障碍及情绪转变，完全是因为他过多地使用社交媒体。我告诉他这之间可能有某种联系时，他怀疑地挑了挑眉，不认为使用社交媒体会导致这些症状。"拜托！你不会真的认为是手机和电视把我搞得一团糟吧？现在每个人都用这些！"

朱利安说得没错。我们现在比任何时候都依赖电子设备。不管何时何地——排队时、在等候室、接孩子放学的等候间隙，甚至在车水马龙的路上等红绿灯的时候，只要我们有时间就会玩手机。如果有点儿空闲时间，我们就很有可能盯着手机屏幕，甚至不一定是在休息时间。在波士顿这座我生活的城市，我经常看到行人在交通高峰期过马路时，眼睛也黏在手机上，不分昼夜。由于人们低头看手机而不看周围环境造成的意外伤害，已经被认为是一个日益严重的公共安全问题。

爆米花脑（popcorn brain）的经典案例

朱利安患上了一种越来越常见的疾病，叫作"爆米花脑"。它其实不是真正的医学上的疾病，但已经成为一个越来越常见的社会现象。这个词是研究员戴维·列维（David Levy）创造的术语，用来形容上网太久时我们大脑发生的变化。大脑通路由于受到过多快节奏信息的刺激，开始"爆炸"，久而久之，大脑习惯了源源不断的信息流，这让我们更难从电子设备上移开目光，更难将思想慢下来，也更难离开网络。在没有网络的世界，事情以完全不同的节奏进行，更慢也更平和。爆米花脑很难确诊，是因为它太普遍了，正如朱利安指出的，它似乎成了常态。实际上，85%的美国成年人每天都上网，30%的人认为自己经常上网。

过度使用社交媒体时，我们很有可能也会变成爆米花脑。也许你对朱利安喜欢的时事不感兴趣，而是喜欢刷社交媒体。我的一个患者就担心他自己"照片墙（Instagram）成瘾"，因为他每隔15分钟就要看一次照片墙。还有一个患者是个"网红"，她在夜里几乎每个小时都要醒来，整夜监控她的帖子的点击量。正如非适应性压力有许多表现形式一样，爆米花脑也有很多表现形式，可能每个人不同。

对于朱利安来说，他的怠倦、易怒及疲惫都是他出现爆米花脑的报警信号。他厌倦了这种疲惫状态，而且非常担忧在工作中如此疲惫会对身体有所伤害。虽然他同意实施我制定的两条策略，并坚持60天，但不抱任何希望。离开我的办公室时，他答应做到下文所说的几件事。

媒体戒断

要改变疲惫的状态,在喧闹的世界中找到一丝宁静,朱利安要做的第一件事情是进行媒体戒断。他对媒体的过度使用导致了疲惫、睡眠障碍及情绪改变等下游效应①,要从源头遏制这些问题发生。

遇到心智带宽不足且压力巨大的患者时,让他进行媒体戒断是我的首要干预手段,因为这样做可以大幅降低压力和倦怠水平。即使你没有像朱利安一样过度使用媒体,减少电子设备的使用时间也可以提高你的心智带宽和幸福感。

媒体戒断包括三个部分:时间限制、地理限制及后台推送限制。多年来,我给无数患者(有时也给朋友和家人)开过这个处方,效果非常好。

时间限制:朱利安要做的第一步就是为社交媒体的使用设立一个时间界限。我给他的处方是每天看两次,每次20分钟。看新闻头条时,他要用手机设置一个20分钟后的闹铃;时间到了,他就要停止浏览,把手机放到自己够不到的地方。

鉴于朱利安之前一直不间断地刷新闻,我知道,一开始这对他来说是非常难的。我建议他找一个随时可做的且自己喜欢的事情代替刷手机。对于朱利安而言,他喜欢看书,因此他决定用看书来替代刷手机。

---

① 下游效应在这里指某个事件或行动的结果对后续事情产生的影响。

他每次特别想拿起手机刷新闻的时候，就强制自己读几页书。在他第一次来见我的时候，我还让他将自己的手机屏幕调成黑白或灰色，而不是彩色。这10年来，新闻媒体网站将内容设计得越来越色彩斑斓、栩栩如生，非常抓人眼球。这毫无疑问会吸引人的注意力，而将屏幕调成黑白色调会减弱视觉需求。这些就是我和朱利安制定的第一个策略。对他来说，这个策略似乎起作用了。

地理限制：第二个策略是通过设定一些地理限制，给朱利安的手机创建一个物理界限。我让他做的第一件事是买一个便宜的闹钟，而不是用手机代替闹钟。这样，他就可以在睡觉时把手机放在远离床头柜的地方。他告诉我，他可以把它放在房间另一边的桌子上。我解释说，这一地理界限会起到阻断器的作用，防止他不自觉地拿起手机看新闻，包括早晨醒后还没起床这段时间——这段时间会为一整天奠定基调。这可以保护他的心智带宽，给他一个机会，以和过去两年完全不同的方式开启新的一天。研究显示，62%的人在醒后会玩15分钟手机，50%的人在夜间醒来后会看手机。因此，把手机放在远离床头柜的地方有助于他的睡眠。

在白天，尤其是工作时间，我建议朱利安将手机放在离自己至少半米的距离，最好完全不在视线范围内。这一地理界限也是为了防止他不自主地查看手机。

后台推送限制：朱利安媒体戒断的最后一步，是在媒体使用上设置一个界限，减少使用媒体的便利性。他取消了所有自动新闻提醒和推送通知，撤销了社交媒体中所有提醒他世界上正在发生的新闻的提醒音。

这从另一个层面上减少了手机的诱惑。

八周后朱利安随访时,他的媒体戒断已经进行得非常好了。他慢慢地在喧闹的世界中找到了自己的宁静。

"一开始真的太难了,"他告诉我,"说实话,我都没想到我能做到。但我坚持了下来,而且它带给我的好处太多了,我都不知从何说起。"

"太好了,朱利安!"我祝贺道。

"我逐渐减少了使用手机的时间,先是每天减少30分钟。四周后,我终于可以做到每天只看两次手机,每次20分钟。"朱利安告诉我。

"你觉得更容易了吗?"

"好吧,我跟你这么说吧,在进行媒体戒断的前10天,我读完了书架上的两套系列书,"朱利安笑着说,"确实是好书!"

我问朱利安,他晚上睡得怎么样。

"把手机放到房间另一边的桌子上,可能是我为自己做的最好的事情了。"他说,"我通常会看书,觉得困倦了就睡觉。现在我基本读一两章后就困了。半夜我还是会醒,但不再必须得看手机了。"

从他的行为举止上,我可以看到明显的变化,他更加快乐、放松和平静了。很显然,朱利安找到了自己的宁静,并且正在享受它。

"我感受到巨大的解脱感,就像我身上的重量一下子减轻了,"他说,"我又找回了从前的自己。我终于能呼吸了,我都想象不到已经两年没能深深地呼吸了。你能理解我的意思吗?"

我当然能够理解,我向他保证。"过度使用科技产品让你的压力通路超速运转，也让你易怒、过度警觉。看来，你已经通过这些了不起的改变，重置了你的应激反应。"

朱利安的经历与科学研究相符。一项针对1095人的研究显示，只要戒掉脸书（Facebook）一周，就可提升生活满意度和正面情绪，这些改变对重度脸书使用者的作用尤为显著，就像对沉迷于其他新闻媒体软件的朱利安一样。

降低了科技产品和媒体软件的使用率后，朱利安的疲惫感也减少了。虽然他工作的时候不再需要小憩，但是夜间睡眠还是不太好，晚上睡觉的时候还是经常会醒。鉴于他过去六个月里都是一整晚开着电视睡的，他的睡眠可能需要更多的时间来调整。

我询问了他的科技产品与媒体使用情况后，我们一致决定在下次随访之前继续坚持上述两条策略。他决定将睡眠排在首位，并增加几个重置技巧。八周后，朱利安来见我的时候，媒体戒断已经成了新的生活方式，睡眠也得到了大幅改善。他说他现在夜间很少醒，而且睡醒之后感觉休息得非常好。

"我以前总说，我没有时间睡觉，没有时间锻炼，"他告诉我，"但自从不沉迷手机，我就有更多的时间做一些让我感觉更好的事情了。我已经好几年没有如此看好自己了！"

我每两个月见朱利安一次，帮助他按原定的计划前进。我见证了他的压力评分（见第一章）随着他的每次到访降低。最终，朱利安找到了他的平衡方式，能够在不被媒体吞噬的情况下消费媒体了。

"我还是热衷于看新闻，而且会将这个爱好一直保持下去，"朱利安总结道,"但这不会影响到我的生活了。我终于觉得可以控制一切了!"

朱利安能够重置大脑,并找到了让自己变得更好的方法。他在喧嚣的世界中找到了自己的宁静。在之后的一次随访中,朱利安说:"我那些一起烧烤的朋友现在都迷上了看那几套书,因为我们在一起时,我一直给他们讲书里的内容。和他们在一起的时候,我甚至一整天都把手机放在口袋里,没有掏出来过。"

第四章 | 第二次重置：在喧嚣的世界中找到一丝宁静

浏览信息的原始冲动

每个人都可能像朱利安一样过度依懒手机，过度使用媒体。这不是你的意志力薄弱，而是生理机能强迫你过度使用。在承受压力时，你会本能地想要使用更多媒体，因为得到充足的信息是获得安全感的一种方式。虽然互联网直到20世纪90年代才发明出来，但浏览信息是人的本能。如你所知，在承受压力期间，你的大脑处于"生存模式"，你的蜥蜴脑和杏仁核掌控了一切（见第二章）。浏览信息相当于远古时期的人观察周围环境，它是我们在现代社会进行自我保护的一种方式，为了在混乱的世界中找到安全感。

在部落时代，守夜人会整夜坐在篝火旁，查看周围是否有危险，让整个部落的人可以安心入睡。现在，我们人人都在充当守夜人这一角色。这就是为什么我们所有人都在没日没夜地刷手机。在当今这个充满不确定性的世界，浏览信息就是给我们提供安全感的守夜行为。

不幸的是，浏览信息的原始冲动最终放大了我们的应激反应，增大的压力让我们想要浏览更多——如此循环往复，成为一个恶性循环。"诱骗点击"（click-bait）[①]的作用原理就是压力产生的生理特性，浏览新闻会让我们的大脑分泌肾上腺素。你可能听过"末日刷屏"（doom-scrolling）这个词，它指的是沉溺于浏览社交媒体或者网站上的

[①] "诱骗点击"指网络上为吸引用户点击而设计的具有误导性、夸张性的标题或内容，"标题党"即其中的一种。

负面新闻。"末日刷屏"和战斗或逃跑反应由同样的大脑机制驱动，在受压状态下会被激活。

朱利安就陷入了这种恶性循环。第二次重置的方法重新校准了他浏览信息的原始欲望，让他跳出这一循环，而这又反过来重置了他大脑的压力通路。

减少媒体的使用并不意味着我要贬低新闻业的重要性，也不意味着降低人们对这个变幻无穷的世界的知情权。如何把握使用度呢？当然，要以不损害精神健康为前提。我是媒体的忠实拥护者，因为我热衷于通过媒体传播健康知识。在成为医生之前，我的梦想是成为一名记者。幸运的是，我可以同时追求这两个梦想。在疫情期间，我为美国全国广播公司（NBC）、微软全国广播公司（MSNBC）、美国有线电视新闻网（CNN）头条新闻和哥伦比亚广播公司（CBS）做了几百次直播，主要以医生的身份为大众提供专业建议，这一经历让我对媒体的制作过程有了一个局内人的视角。大多数新闻媒体都是有生命力的企业，因此，这些媒体的目标是制作那些对消费者来说有报道价值的、及时的、重要的故事。毕竟现在是注意力经济时代，媒体公司知道最重要的是要吸引消费者的注意。我坚信，新闻是我们文化中重要而有价值的一部分，它对当今世界的很多重要事件进行了报道。你可以热爱新闻业，就像我一样，也可以参与新闻，了解世界，但是你要保持理智。

在消费媒体和过度消费媒体之间，只有一线之隔。如果你不知道自己是否过度消费造成了不健康的压力，我建议你把注意力放在你的"金丝雀"示警症状上。有症状表明你已经越过这两者之间的界线了吗？你觉得自己可能患上了爆米花脑吗？你经常被迫查看手机吗？你只是想看一小会儿手机，却感觉时间被吞噬了？如果长时间不能联网，你是否会感觉紧张或烦躁？你出现身体症状了吗？类似朱利安的疲倦、易怒等。

有些人告诉我，如果他们认真审视自己社交媒体的使用情况，就会发现有多只"金丝雀"正在发出警告信号，例如注意力难以集中、记忆力差、焦虑不安或者相反——无精打采。有些人告诉我，他们感到焦虑、忧郁、疲倦或者绝望无助。我的一些患者过度消费媒体后心理上没有出现症状，但身体有症状，比如头痛、颈椎痛、肩膀痛、背痛，以及眼睛疲劳。你的"金丝雀"是用什么来提醒你媒体使用过度的呢？花一两分钟写下一直试图提醒你可能过度消费媒体的警告信号。

技巧4：治愈你的爆米花脑

你可以遵循以下方法来减少你患上爆米花脑的风险，或者治愈爆米花脑。

1. 将每天刷手机的时间限制在20分钟以内。其他时间只用手机打必要的电话，回复信息或者邮件。设置一个闹钟来提醒自己，因为在数字世界里很容易忘记时间。

2. 关闭推送消息及自动弹出功能。请相信，如果有什么是你必须知道的，你总会知道。

3. 工作时，将你的智能手机放在离工位至少三米远的地方。在家的时候也是如此，尤其是当你和家人在一起的时候。

4. 睡觉时，不要把手机放在床头柜上，这样可以避免你半夜起床看手机，也可以防止你早上一睁眼就看手机。告诉家人或者同事，如果有急事给你打电话。

刚开始进行媒体戒断时，你可能会没来由地有想要查看手机的强烈冲动。这种需求是意料之中的。要准备可行的替代方案：准备一个涂鸦笔记本，或者一个解压玩具；在房间里快速散步，或者看看色彩丰富的杂志、图书。重置大脑、克服浏览信息的原始冲动是一项壮举。假以时日，你的压力可以得到很大缓解。因为什么人、什么事能引起你的注意，将由你自己决定，而不是你的掌上设备。

创伤的循环

当一起创伤性事件在媒体上铺天盖地,在各大平台被反复提及时,我通常就会接到一些患者的电话或邮件,因为这些新闻对他们造成了负面影响。对于许多人来说,造成压力的不是看了多少新闻,而是这些新闻的内容。如果你过去有创伤性的经历,确实会出现这样的情况。以我的临床经验看,我几乎可以根据世界上刚刚发生的事情,预测我的哪些患者需要得到支持,以应对媒体带给他们的压力。

塞尔玛(Selma)来我办公室的时候泪流满面,紧张又焦虑。在过去的两周里,她几乎将所有醒着的时间用来观看美国最高法院大法官候选人布雷特·卡瓦诺(Brett Kavanaugh)的"性侵案"听证会。听证会上有人针对他的性虐待指控提供了证词。塞尔玛,46岁,长期积极从事政治活动。在几十年的工作中,她一直与媒体保持着良好的关系。

她解释道:"新闻对我来说像是噪声,但我的工作需要知道世界上正在发生什么。我一直尽量不让它们分散我的注意力,这对我来说一直不是件容易的事。"

塞尔玛站起来,在我的办公室里踱了一会儿步。"这个听证会打了我一个措手不及,我停不下来,非常焦虑,心跳加速。上周我连工作都进行不下去了,几乎起不了床,身体不听使唤,因为我每天晚上只能休息一到两个小时。说实话,我今天能来见你,费了很大的劲儿。"

原来,塞尔玛在20多岁的时候有过性伤害史。她对当前事件的媒体消费，成了对自己过去事件的情感触发器，这是她万万没有料到的。她的自我保护反馈回路开始超速运转。

塞尔玛在关注这类新闻之前状态正变得越来越好。她每个月会去见一次心理医生，每三个月见一次精神科医生。过去10年来，她一直服用小剂量药物治疗焦虑和抑郁，病情控制得很好。

塞尔玛对最高法院听证会的关注，掀开了她10年前已经治愈的创伤。她告诉我："这些记忆如潮水一般涌来，好像我又经历了一遍。我的大脑和身体的记忆好像昨天一样。"由于情况的紧迫性和严重性，塞尔玛需要立即采取两项行动来保证心理健康：马上去看她的心理医生，并和她的精神科医生讨论是否需要调整药物剂量。

那一周晚些时候，我询问了塞尔玛的情况，她已经开始了创伤知情治疗，并强烈考虑增加药物剂量。对于塞尔玛来说，由于压力值迅速上升，她需要紧急医疗救助，而不是简单地关注新闻，更不是过度消费新闻。这说明媒体消费会对大脑和身体带来巨大的影响。塞尔玛的经历说明了对敏感媒体内容进行"触发警告"①的重要性。

最近我和一位妇女交谈时，她谈到她88岁的祖母被俄乌战争的画面触动。媒体上无处不在的乌克兰照片，唤醒了她在"二战"期间和父亲一起戴防毒面具的记忆。因此，祖母无法佩戴治疗睡眠呼吸暂停的面罩了，她大脑的压力通路揭开了80年前经历的创伤！

即使没有创伤史，你也可能感受到痛苦的或创伤性事件报道带来的

---

① "触发警告"是一种警告声明，用于提醒读者或观众某些内容可能会引起不适或心理创伤，特别是对曾经经历过创伤的人群，如性侵受害者或退伍军人等。

影响。在现代社会，我们处在一个"超连接"世界里。坐在卧室里、沙发上，我们就能获得几千千米外发生的事件的实时、实地信息。你的大脑在理性的支配下可以识别出差异，知道这是远距离发生的事情；但是，你的杏仁核即受自我保护机制控制的情感大脑，并不完全理解。对于创伤幸存者来说，由于之前的经历，这种情况会加倍恶化，导致他们又一次受到创伤。

在临床实践中，我见到太多这种现象了。我和加州大学尔湾分校的心理学家罗克珊·科恩·席佛（Roxane Cohen Silver）就此进行了交流。席佛专门研究媒体对大量人群大脑的影响，他把这些发生在我们身上的事描述成一连串的集体创伤。"对于（媒体）信息接受者来说，意识到一直接受全盘负面的新闻可能会影响他们的心理健康，是非常重要的。"席佛说，"随着（媒体）曝光的增加，我们可以看到忧虑、焦虑、过度警觉及其他急性应激反应的激增。人们看到的（视觉）内容越多，表现出来的焦虑就越严重。而他们越焦虑，就越被这些内容吸引……这就陷入了一个恶性循环。"席佛继续说道："新闻非常重要……（但是）人们可以有意识地监测自己花在媒体上的时间，不至于持续沉溺其中。"

自我养育

负面新闻不会消失，但我们需要找一个更好的方式，在保持知情及自我见解的基础上，应对这些负面新闻带来的冲击，保护我们的精神健康和身体健康。达到这种平衡并不简单，但确实可以做到，而且不需要特别复杂的操作，也不用搞得焦虑满满。看看我们对孩子们设置的屏幕限制，是多么简单和省事。

这一代青少年和儿童都是"数字一代"。他们从小就玩电子游戏，从上学起就接触笔记本电脑和台式电脑，很多忙碌的父母为了让孩子随时联系到自己，还给他们配备了智能手机。

尼科尔——去年来见过我——是在某天晚上和家人一起去最喜欢的比萨店时，突然意识到自己对媒体的过度消费的。在排队等待就餐时，她从手机屏幕上抬起头看了看，发现她的丈夫和12岁的女儿都在刷手机，而4岁的女儿在用iPad玩游戏。一周后，她来我办公室说："我发现丈夫和我无意中给孩子们做了不良示范：我们让她们认为，一直看电子设备是正常的。我不想让她们也像我一样患有爆米花脑。"现在，尼科尔已经成功进行了媒体戒断，而且在此过程中，她明白了过度上网及过度消费媒体会对孩子正在发育的大脑造成危害。

成人的大脑发育方式可能与儿童不同，但其仍在发展，并可以在神经可塑性的作用下通过外部刺激不断被塑造（见第二章）。据相关研究，电子设备对成年人和儿童的影响相似：成人和儿童的情绪都会变得更糟、更易怒、睡眠更差、压力增大。现在,是时候进行自我养育并重新思考电子设备对各个年龄阶段大脑的影响了。

将睡眠作为一种干预治疗

有一个俱乐部在过去几年里越来越流行，但你一定不想加入，它就是失眠人群俱乐部，其"会员"人数已经达到美国人口的1/3。人们失眠的原因非常多——慢性病、需要看护、时差反应、上夜班及突发事件，但几乎1/2的美国人说，压力是他们经历睡眠剥夺（sleep deprivation）的罪魁祸首。如果你的睡眠障碍源自不健康的压力的影响，你不是一个人如此。

好消息是深入了解压力如何影响你的睡眠，可以帮助你克服许多睡眠障碍。所以，你也可以在喧嚣的世界中找到自己的宁静。

从朱利安和塞尔玛的经历中我们可以发现，使用电子设备的时间与睡眠质量息息相关，科学表明两者之间存在明显的反比关系：你使用电子媒体时间越长，睡眠受到的负面影响越大。不管什么年龄层——从婴儿到老年人，电子设备使用度与其睡眠质量都呈负相关性。

从起床的那一刻直到入睡，我们的睡眠都在与电子设备直接竞争。你醒来的第一件事是什么？如果你属于87%的那群人，你很可能在起床的5分钟里，在眼睛还没有适应白天的光线时，就开始玩手机了。

你这么做，可能是想在开启一天的工作前放松一下，但你的工作可能还要靠另一个电子设备进行。你关掉电脑结束了一天的工作后，可能又用更多的电子设备来放松自己。但正如朱利安和塞尔玛发现的，玩电子设备并不是一件温和无害的事情，它会激活你大脑的压力应对机制。

对任何电子设备的过度依赖，都会对你的睡眠产生重大影响。

塔妮娅（Tanya）就是这种情况。塔妮娅是在读博士研究生，同时做一些兼职工作，她来见我是因为她的睡眠问题越来越严重。在毕业只剩下六个月的时候，塔妮娅的压力值达到了最高，睡眠也变差了，这严重影响了她的学业。

她非常恼怒："我实在是扛不住了。我正在认真考虑要不要退学，不知道还能再坚持多久。"

塔妮娅向我讲述了她平常一天的安排。早晨关掉几次闹铃后，7点起床。起床后，她会用30分钟的时间看手机上的社交媒体动态，然后赶去上课。她在学校一直待到下午一两点。课后，她会到当地一家科学博物馆做兼职，一直到晚上7点。回到家后，她总是筋疲力尽。"就好像我这一天的每一分钟都是被其他人支配的。"她说。

接着，她会一直学习到晚上10点，然后通过电子设备（手机或电视）来缓解这漫长一天积累的压力，直到夜里一两点。第二天，继续以上循环。

塔妮娅解释说："并不总是这样。我之前睡眠一直很好。我是生理学博士生，知道睡眠的所有好处。但现在，即使我已经非常累了，凌晨1点前我还是很难入睡，而且一整晚我都会辗转反侧，就好像我的大脑不想关机。"

我解释道："只有白天过得舒心，晚上才能睡得好。"

在白天，塔妮娅没有分配任何时间来逐步释放她的压力，于是，压力成为她忠诚的床伴，在晚上彰显自己的存在感。

我用第一章中讲到的茶壶这个比喻，向她解释了发生在她身上的事情："在应对加大的压力时，比如博士毕业前的最后几个月里，你的大脑就像一个烧开的茶壶。现在茶壶的温度根本就降不下来，是吗？"

"现在是的，"塔妮娅表示赞同，"我得完成我的专题论文，接下来还有好几场考试。我也不能辞掉兼职，因为我需要钱。"

"那么，我们将这些视为你控制不了的外部压力，它们的时间是不能改变的。"我说。

"我生活的温度太高了，我快要喷发了。"塔妮娅告诉我，并哭了起来。

我继续道："茶壶不会爆炸，是因为它有一个蒸汽释放阀。我接下来要做的事情就是教你如何打开阀门，排放一些蒸汽。这样，你被压抑的压力除了跟着你入睡，也有其他地方可去。"

塔妮娅擦干了眼泪，既宽慰又疲惫。她完全同意我的想法，并准备按照我制定的方案执行。我们的共同目标是改善她的睡眠，让她以优异的成绩按时毕业。

塔妮娅同时具备了睡眠障碍三个最常见的症状：入睡困难，睡眠保持困难，以及由于睡眠中断，碎片化睡眠越来越多。对塔妮娅来说，睡眠障碍就是她的"金丝雀"。

对于很多人来说，睡眠中断是遭受我们无法适应的不健康的压力时最常见的表现。在我多年来接触过的成千上万高压人群中，睡眠问题是他们应对压力时最常见的问题。

也许你不像塔妮娅一样有睡眠障碍，或者像我一样出现睡前心悸，但如果你目前承受着非适应的不健康的压力，你的睡眠质量很有可能大不如以前。

睡眠—压力循环

睡眠和压力可谓息息相关,因为它们有共同的罪魁祸首——皮质醇。皮质醇被称为压力激素,在一天中,其水平上下波动,帮助你应对各种情景。正如压力是否健康取决于程度和频率,皮质醇也是。皮质醇本身并不坏,它是维持日常生理功能必需的重要激素,关键在于它在你体内产生的量和产生的频率。

压力状态下,你的脑垂体向肾上腺(位于肾脏上方)发出信号,接到信号后,肾上腺释放皮质醇,皮质醇被释放到血液中后,迅速开启"战斗或逃跑"反应开关。纵观整个人类史,皮质醇都发挥着至关重要的作用。在原始时代,人们在丛林里遇到老虎时,皮质醇帮助他们逃跑。皮质醇促使心脏将血液更快地输送到身体的大肌肉群(比如腿部的肌肉),并调动储存的葡萄糖,为大肌肉群的激活助一臂之力。皮质醇是一种能够帮助远古人类生存下来的激素,在面临威胁时,它促使人们快速逃跑或放手一搏。一旦老虎走远,我们祖先的急性压力随之消失,皮质醇就会恢复到基础水平。

在现代社会,我们面临的独特问题是,许多压力不是急性的,而是慢性的,因此压力并没有真正消失,反而堆积了起来。但是皮质醇就像杏仁核一样,并没有随着时代的发展而进化。它不知道你的压力是因为经济拮据,而不是因为你家门口蹲着一头老虎。于是,慢性压力让你的皮质醇一直在后台保持低频运作状态,持续升高。

皮质醇在身体中的另一个重要作用是调节睡眠周期，所以不难看出慢性压力是如何让你的睡眠周期陷入恶性循环的。随着慢性压力的持续，你的皮质醇水平偏高，并开始影响你的睡眠，让你入睡困难，睡眠维持困难，醒后困倦。这一睡眠—压力循环日复一日，周而复始。

如果你正经受着压力，一定能完全理解我的意思，因为你对这循环的不眠夜再熟悉不过了。白天感受到压力时，你的身体会增加皮质醇的分泌来应对，而这又反过来影响了你的睡眠；睡眠不好又加重了你的压力，压力增大就会释放更多的皮质醇。

好消息是，已经有经过验证的熔断机制可以结束这种循环。实施前文提到的两条策略，你就可以通过调节压力来重置你的睡眠状态。这不是一夜之间就可以完成的，但不会耗费太多的时间、精力和耐心。遵循"两个法则"，几周后，你就可以摆脱不健康的压力，将睡眠恢复到失控前的状态。

良好的睡眠对于紧张的大脑来说太重要了，因为它对大脑有神经保护作用。也就是说，睡眠有助于大脑保持健康。两位研究人员在其文章中指出，"睡眠的根本目的是充当大脑的垃圾处理机。从本质上讲，睡眠就像垃圾收集器，在夜间将大脑中的废物（剩余的蛋白质和代谢副产物）清除出去。这样，大脑在第二天就可以正常运作"。

睡眠能帮助你处理复杂的情绪，应对生活的挑战。讽刺的是，就在你压力过大、最需要废物清除专家帮助的时候，它却"罢工"了。它晚上撂挑子，你的"精神垃圾"就堆积起来。

通过研究睡眠不足时大脑发生的变化，我们对睡眠如何影响大脑有了更深的了解。睡眠剥夺会降低大脑的认知力、集中力、记忆力及注意力。它减弱了前额叶皮质对杏仁核的调控能力，使杏仁核异常活跃。对经历睡眠剥夺的人进行的脑部扫描显示，他们看到情绪消极的图像时，杏仁核的反应要比睡眠充足的人高60%。

这些关于大脑的发现，也许与你在睡眠不足时的经历吻合：易怒、闷闷不乐，以及情绪起伏大。下次你跟别人说"我没睡好，所以情绪不好"时，就知道这是你过度反应的杏仁核造成的了。

不管你处于哪个年龄阶段，睡眠剥夺不只会对你的大脑造成消极影响，还会影响你身体的整体健康水平。针对青少年的研究发现，睡眠不足与高血压、胆固醇水平异常甚至胰岛素抵抗（糖尿病的前兆）存在相关性。在成年人中，经历睡眠剥夺的人患慢性病的风险比其他人高30%。

睡眠质量也预示着你未来的心理健康状态。长期经历睡眠剥夺的青少年和成年人不仅当下患焦虑、抑郁的可能性更大，将来患抑郁的可能性同样很大。一项囊括17万成年人的分析中发现，睡眠障碍会使人以后患抑郁症的风险增加一倍。

从科学角度来说，虽然好的睡眠定义清晰且精确，即你的大脑需要恢复性睡眠才能达到最佳功能，但生活是混乱且复杂的，你即使尽了力，要想每天晚上都睡个好觉还是不现实的。不可避免，你会有几个晚上没能如愿睡个好觉。有可能是你参加了一个庆祝活动，回来得很晚；你也会因为旅行，需要倒时差；还会因为截止日期到了，需要赶时间；或者因为某些合理的担忧而辗转反侧；甚至你可能决定早早睡觉，但还是睡得很差。怎么办？科学给我们提供了非常重要的指导，但我们毕竟是凡人，不是可编程的机器人。已经尽最大努力做到了最好，不要让几晚不好的睡眠增加你的压力，让你神经衰弱。几天、几周甚至是几个月不充足的睡眠，不会对你的大脑和身体造成持久性的不良影响。这些科学警告是针对持续好几个月甚至好几年经历睡眠剥夺的患者的。

正如你现在对压力的了解，你的大脑和身体生来就能很好地承受急性的、短期的压力。在睡眠—压力循环和皮质醇的作用下，睡眠障碍通常伴随着短期压力。当你不可避免地必须面对压力，同时睡眠受到影响时（因为失眠和压力一样是一种普遍现象），善待自己，不要因为睡眠不好而责备自己，让它过去吧。把睡眠中断作为练习自我照护的机会。

在睡眠不足的日子里，你要关注如何恢复睡眠。考虑把最重要的任务放在每天早些时候，因为这时你会有更多的心智带宽来处理它们。为你的媒体消费设定界限，让你的大脑喘口气。避免过度锻炼身体，保持充足的水分和营养。如果一定要打个盹儿，确保你只睡一小会儿，不要睡到临近晚上。如果你需要咖啡"续命"，尽量在下午3点前喝。长时间的午睡和过晚喝咖啡都会影响晚上的睡眠。

在这些低能量的、睡眠不足的日子里，给自己多些宽容，明天再尝试一次。通过本章介绍的技巧，相信你有能力重新找到更好的睡眠。通过时间、耐心和练习，你可以恢复大脑进行恢复性睡眠的能力，在喧嚣的世界中找到属于自己的宁静。

"塔妮娅，"我说，"我告诉你睡眠的科学，是为了在睡眠问题给你造成长期影响前帮助你解决它。"

"太棒了！我不能想象现在的睡眠周期会影响我未来的状态，"塔妮娅告诉我，"毕业后我有很多想做的事情，需要充沛的精力。"

塔妮娅刚来见我时的种种犹疑，在我和她分享了为什么睡眠是她进行压力管理时首先需要关注的问题后就消散了。

塔妮娅的目标是：每晚睡足7~9个小时，更快入睡，整晚保持睡眠状态。这是一个艰巨的任务，但我知道，专注于减轻压力的同时，她的睡眠也会得到改善。

睡前拖延

第一步是改变塔妮娅的入睡时间，从凌晨1点提前到午夜12点之前，最好是晚上10点左右。塔妮娅之前休息不好，对自己的睡眠状况一直非常焦虑，因此她一直推迟自己的入睡时间。"我知道睡眠很重要，但我就是没有办法在合理的时间上床睡觉。"她恼怒地说。

塔妮娅经历的状态，也是一种日益流行的文化现象，叫作睡眠拖延症（bedtime procrastination）。在一项针对308名患者的调查（大部分研究对象为女性）中，越焦虑的患者睡眠拖延症越严重。与焦虑程度较低的患者相比，他们每晚的睡眠时间更少，睡眠问题更多。出人意料的是，有睡眠拖延症的患者知道睡眠的重要性，但还是不能提早入睡时间。

这一发现令研究者大跌眼镜。他们指出："我们发现，大多数参与者知道睡眠很重要。一方面，这非常好，因为这意味着我们不需要向人们解释为什么睡眠是必要的；另一方面，它说明睡眠确实更为复杂，不单单是动机问题。"（这是我们在韦斯身上已经看到的现象——认知和行动之间存在差距——的另一个例子。）

这些发现与我自己的临床经验一致。我帮助过的所有经历睡眠剥夺的患者，几乎都想要早些入睡，但因为各种原因，他们不能或不愿尽早入睡。

我安慰塔妮娅："你希望能有更长时间的睡眠，这是理所应当的。

首先，你要打破目前陷入的恶性循环，我们可以一起找到你的突破点。你晚上会睡好的。"

塔妮娅放松了一下她缩着的肩膀，泪眼汪汪地说："你不知道我多么需要夜间休息。"

我的大多数受睡眠问题困扰的患者都无法忽略他们"金丝雀"的示警：你需要重置了。针对他们，我制定的两项策略首先关注的是睡眠问题。他们并不是在为不睡觉寻找奇怪的、复杂的理论解释，只是想要一个明确可行的方案来获得他们梦寐以求的睡眠。

塔妮娅深深地叹了口气，说："拜托，告诉我该怎么做，我会照做的。我受不了一直这么累，我太需要真正的休息了。"塔妮娅和我开始打破她睡前拖延症的循环，这是她睡眠不足的主要原因。首先，我们将她的入睡时间提早一些。人体遵守着一个24小时的生理周期，它是身体的生物钟，叫作昼夜节律（circadian rhythm）。它是由皮质醇调节。皮质醇的水平在一天中起伏不定，但通常在午夜左右最低，在清晨6点到8点之间达到最高。

第一个目标让作息与生物钟同步。我与塔妮娅就是从此步骤开始的。她早晨的起床时间已经是7点了，但她晚上睡得太晚，这打破了她自身的生物钟。如果将睡觉时间提前到夜里12点之前，就可以将睡眠周期与其昼夜节律同步，并从中获益。提出"午夜前睡一小时抵得上午夜后睡两小时"这一说法的睿智祖先，可能早就发现了人体生物钟和昼夜节律。

如果你的睡眠周期和塔妮娅的非常相似，即比你理想的入睡时间要晚，那你不是一个人这样。据一位研究睡眠的同事说，这是他从睡眠不足的患者那里听到的最常见的抱怨之一。事实上，与他的一次谈话让我重新思考我对患者睡眠问题的处理方式。

"针对这两个问题，我问过成百上千的患者，每次都会得到同样的答案，"他说，"问问你的患者'你现在几点睡觉？'然后接着问'你想几点睡觉？'你得到的答案总有两小时的差距。你的患者可能想晚上10点睡觉，但是他们一直熬到午夜。当我进一步深挖他们为什么会如此，几乎每一个人都这么告诉我：'我在玩手机/看电视/玩电脑！'电子设备是睡前拖延症的主要诱因。"

你能理解这件事吗？你现在的入睡时间和理想的入睡时间存在两小时的时间差吗？

如果存在，那很正常。由于要照顾家庭或者承担其他的责任，你起床后可能没有太多灵活的时间，但睡前可以有一些自己的时间。你感受到压力与倦怠时，白天会感觉精力不足，你的每一分钟都被占得满满的，经常要跟着别人的计划走。但是，这些晚上的零碎时间是你自己的，可以随心所欲做自己想做的！这是多么令人激动的时刻！因此，你晚上熬夜到很晚，是对自己充满挑战的一天的"报复"。

认知神经科学家劳伦·怀特赫斯特（Lauren Whitehurst）认为，这是忙碌文化的一种反馈，它的出现与毒性复原力密不可分。"我们太过注重生产力了，把所有时间都安排得满满当当，"她说，"我实际上要表达的是：我们缺少休息时间。"

这和塔妮娅的情况一样，她在谈话之初就告诉我，她既要应付学业又要打工，没有留给自己的时间。"我唯一能自己掌控的时间，是晚上9点之后到凌晨，"她说，"我应该睡觉，但在结束这劳碌的一天前，我需要放松放松，你懂吗？"

当然，我懂。在压力巨大、感到倦怠的时候，我也会熬夜看剧，也会有负罪感。我们都是人。事实上，我和我儿时的好朋友们有一个聊天群，我们一直互相推荐喜欢的电视剧。我们最常吐槽的就是"为了睡眠，我的时间不够看另一部剧！"

我们来面对现实吧：有时候重新做回叛逆少年，尽情熬夜，会感觉非常好，虽然你知道这对你没有益处。我熬夜追新剧时会自我安慰，希望你也可以对自己多些包容。大多数时候，我会在晚上10点到10点30分睡觉，因此偶尔几个晚上推迟到11点45分睡觉也不是什么大事。睡眠波动是生活的正常组成部分，偶尔几次晚睡，不会破坏你的睡眠周期，毕竟你的身体也是有复原力的。关键是要尽快回归你的理想睡眠周期，最好是在熬夜追完剧后马上调整回去。

当我建议塔妮娅晚上10点入睡时，她一开始对这个建议有点儿泄气。她现在凌晨1点才睡，晚上10点对她来说似乎太早了。她异常渴望在喧嚣的世界中找到属于自己的宁静，但她不确定是否可以做到，即便晚睡已经成给她造成了很大的压力。

"你可以慢慢改变，这样就不会对你的生活造成太大影响，"我安慰道，"几个月后，你会发现自己已经习惯了早睡。你可能感觉像是一夜之间就发生的，但这其实不是突然发生的，是你的坚持和耐心起了作用。"

我需要把塔妮娅的睡眠重新调整到每晚7~9个小时，而不是现在每晚断断续续的5个小时，以保证她的大脑正常运作。为了能够更早入睡，我们一起回顾了她在睡觉前的几个小时都做了什么。在给她制定的两项策略中，我主要进行以下两个干预：缩减晚上玩电子设备的时间，以及将早睡列为主要目标。

塔妮娅同意通过养成一些放松的睡前习惯来减少每晚看电子设备的时间。在我的建议下，她将电视机挪出了卧室。接下来，她设置了一个闹钟，睡前一小时不玩电子设备。她的终极目标是睡前两小时不玩电子设备。睡前两小时不看电子设备，对恢复睡眠周期是最佳方案，但对塔妮娅来说，即使是一小时不看电子设备，也已经朝着更优质的睡眠迈出了一大步。

我需要考虑到这一改变会给塔妮娅带来什么感觉。当你就固有的模式或惯例做出改变，即使只是特别小的改变，你都应该做好心理准备：你会对这种变化有所抗拒，因为你的大脑仍然想要遵循已经存在的神经通路。塔妮娅已经将近一年都在凌晨1点才睡，因此她的神经通路在这种重复下变得非常强大。我们讨论了她应该如何处理这种抵抗，以及神经通路不喜欢真空，因此她需要找一些其他让自己放松的事情，填充原本花在社交媒体和电视上的时间。

塔妮娅告诉我，她喜欢做一些伸展运动和温和的瑜伽，但她一直不知如何把这些运动塞进繁忙的日常生活中。去年的时候，她参加过一个恢复活力的瑜伽课程，已经掌握了一些简单的拉伸技巧，可以在家练习。鉴于她经常向朋友抱怨，在电脑前坐了一天后肩膀和脖子非常僵硬，因此在睡觉前进行一些柔和的拉伸，似乎是将她的拉伸计划加入日常生活的完美方案，这样做可以帮她缓解身体的僵硬。

塔妮娅愉快地决定在卧室内触手可及的地方放一个可以卷起来的瑜伽垫，用瑜伽来代替玩电子设备。伸展运动可以给她一些时间，让她在过度劳累的一天后进行重置，释放压力。拉伸运动时缓慢地深呼吸，可以增强她的身心连接（这是第三次重置的基础，下章将讲到）。

相较带着僵硬的身体和过度活跃的神经入睡，塔妮娅可以先进行拉伸，然后带着放松的肌肉和平静的神经入眠。这会引起连锁反应，帮她更快地入睡，并且保证整晚安稳地睡眠。

对能够全身心地放松这一展望，塔妮娅非常心动。离开我的办公室时，她已经做好了具体的计划，准备好在喧闹的世界中找到属于自己的宁静了，并决定当晚就开始实施这个计划。她甚至连做哪套动作来开启她的新作息都已经想好了。

电子设备之所以会对睡眠造成影响，是因为它的两种主要机制会干扰人的深度睡眠和恢复性睡眠。第一种是纯粹的物理原因，第二种则与心理学相关。首先，所有的电子屏幕都会持续地释放所谓的蓝光，即使你很困，蓝光也会激活大脑中的清醒机制。如果曾在凌晨3点看过手机，你可能已经切实感受到了蓝光对大脑清醒中枢的影响。尽管你刚刚进入过深度睡眠，身体仍然很疲惫，你的大脑还是会非常清醒。屏幕发出的蓝光会给你的大脑发出信号：该起床了。

蓝光不仅会影响人保持睡眠的能力，也会影响入睡的能力。关于这两种能力，塔妮娅都不强。你很容易说服自己在睡觉前简单地浏览一下社交媒体，然后你会发现，最终关机已经是一两个小时之后了。突然，你晚上10点的睡眠时间变成了午夜甚至更晚，因为你的大脑正在全力破解，是该休息还是该起床了。这不是你的大脑出了问题，实际上，这是大脑暴露在蓝光下的正常反应。记住，任何形式的媒体首要目标都是吸引你，让你沉溺其中，而电子设备的蓝光的作用同样是为了让你的大脑专注于面前的外部内容，而不是你需要睡眠的内部需求。

有时，你可能不方便在晚上睡觉时把手机放得远远的。你可能有年迈的父母、青春期的孩子或者刚成年的子女，要确保他们随时能够联系到你。我非常理解，作为医生，我也常常要在很晚的时候查看短消息和邮件。但你仍然可以在不完全激活大脑清醒中枢的情况下使用你的设备。大多数手机都可以设置睡前模式、夜间模式，或是设置一个夜光或蓝光过滤器。在晚上8点到早上7点之间，我就把手机设置成这种模式。这样，每天晚上8点，我的手机就会过滤掉蓝光，变成暖色调的橙色；早上它会自动变回默认的蓝光屏幕。另一个可选方案是戴一副防蓝光的眼镜。这些方法都不能100%地过滤所有蓝光，但在你晚上不能把手机放置到一旁时，它们是有效的方法。

晚上玩电子设备影响睡眠的第二个原因不是生理上的，更多是心理上的。结束了一天的工作后，塔妮娅感到疲惫、倦怠和有压力。当她终于有了属于自己的时间，为了缓解白天的压力，她能做的最容易、最省心的事情是什么？当然是不动脑地刷手机！这种解压方式造成的后果就是推迟入睡时间，就像塔妮娅现在正在克服的。许多因素都会造成报复性的睡前拖延症，包括个人压力应对能力、工作的灵活度，以及你觉得自己能控制多少时间。家里有年幼孩童的父母可能会非常珍惜孩子们睡着后这段自由时光，因此会将入睡时间推迟到午夜后。但除了这些个人动机，你的大脑出现报复性睡前拖延症的最大动机，是你无处释放的倦怠和压力。面对倦怠和压力时，大脑最需要的是睡眠，因为睡眠可以帮助大脑处理困难的情绪，它对学习、认知、记忆、注意力及人体几乎所有功能都很重要。睡眠确实影响着身体所有的细胞、肌肉及器官，包括大脑。恢复性睡眠对疲劳和压力的好处，怎么强调都不为过，然而睡眠往往是最先受倦怠和压力伤害的。

塔妮娅要实施的两项策略中的第二个，是提前入睡以增加她的睡眠时间。如上所述，让大脑和身体顺利运作的理想睡眠时间是每晚7~9个小时。我告诉塔妮娅："现在保护你的睡眠，是对你未来身体的保护。"

除了讨论睡眠能够给她的大脑带来的好处，我们还讨论了睡眠可以给她的心脏带来的好处。她还很年轻，目前心脏状态良好，但是有心脏病家族史。她的祖父、三个叔叔和姑姑都有心脏病。我给她看了最近一项研究的结论，这让她进一步坚定了要将睡眠提前到晚上10点到11点的决心。因为一些最新的可靠研究显示，晚上10点到11点入睡可能是睡眠的"黄金期"。

我分享给塔妮娅的研究涉及9万人。研究者发现，在晚上10点到11点间入睡的人，心脏功能更健康；而午夜后入睡的人，患心脏病的风险增高25%。首席研究员大卫·普兰斯（David Plans）说："该结果显示，过早或过晚入睡都更可能打乱身体的生物钟，进而影响心脏功能的健康。"

塔妮娅准备好重置自己的生物钟了，因为她现在已经了解高质量的睡眠对她在学业和工作中保持高效起着至关重要的作用。塔妮娅新的入眠时间是晚上10点，这对她来说将是一个巨大的变化，但是我向她保证，我们会一步步慢慢来。

遵循以下睡眠计划，塔妮娅将在三个月的时间里慢慢把睡眠时间从凌晨1点调整到晚上10点。该计划是每两周提前30分钟，这样她的大脑和身体可以慢慢适应。第一周和第二周，塔妮娅的目标是午夜12点30分睡觉；第三周和第四周，她将睡眠时间提前到半夜12点。每两周，她的就寝拖延就减少半小时，同时增加了半小时的健康睡眠时间。到第11周的时候，塔妮娅已经非常适应在晚上10点入睡了。

除了以上干预措施，我还跟她重申了大多数医生与患者分享的"睡眠卫生"（sleep hygiene）的基本原则。这里面的很多原则，塔妮娅已经在做了，但提醒一下还是有必要的。

- 培养一个放松的睡前习惯。
- 卧室保持黑暗、凉爽。
- 床只用来睡觉，不要在上面吃东西、工作或进行其他活动。
- 如果可以，将电视移出卧室。
- 避免在下午3点后喝咖啡，同时减少咖啡因和尼古丁的用量。
- 每天都进行一些体育锻炼，但最好不要在晚上进行剧烈的有氧运动。

- 你如果必须午睡，尽量缩短午睡时间，并在一天中较早的时候进行，这样午睡不会影响夜间的睡眠。
- 你的如果睡眠问题一直没有解决，你可以考虑去看睡眠专家。

塔妮娅来找我复诊时，个人压力评分显著下降，她自己也感觉压力小多了。她将此归功于她的新睡眠时间表。"我真的为自己能够改变睡眠习惯而骄傲，就像我为自己的考试成绩骄傲一样，"塔妮娅告诉我，她笑着补充道，"我的成绩也提高了。"

"我的许多患者都说'我这一天里根本没有足够的时间'。"我回应道，"但实际上，如果你让大脑得到足够的睡眠，你的注意力就会更加集中，也可以在更短的时间内完成更多的事情。"

塔妮娅继续保持早睡的习惯，只偶尔在考试周或者社交应酬时晚睡。自从养成了良好的睡眠习惯，即便有一两次晚睡，她也可以很快调整至良好的睡眠状态。这种波动是正常的，它也是完整生活的一部分。

通过遵循"两个法则"做渐进式调整，塔妮娅在三个月里使得睡眠质量得到了巨大改善，达成了自己的目标。她如期毕业，成绩优异。她现在就职于一家高需求、高压力的单位，但她仍然尽量缩短电子设备的使用时间，并保持着自己良好的睡眠习惯，将其视为瑰宝。

技巧 5：保证足够的睡眠

1. 尽量晚上10点上床睡觉。如果你目前的睡眠时间在午夜后，慢慢改变入睡时间，每两周提前30分钟，直到达到理想的入睡时间。

2. 在预期的就寝时间前大约一小时，设置一个睡前闹钟，提醒自己过渡到睡眠模式。

3. 培养放松的睡前习惯。睡前读书可以让呼吸更平静，缓解压力，减少心理困扰。你也可以考虑听听放松的音乐或者进行舒缓的瑜伽练习。这两种方法都能让大脑做好休息的准备，启动你的睡眠机制。

4. 减少晚上玩电子设备的时间，尤其是睡前两小时内。防止大脑中的觉醒机制被各种屏幕发出的蓝光人为地激活。

5. 不要把手机放在床头柜上，用一个单独的、便宜的闹钟代替手机，这样可以防止你在夜里查看手机，也可以防止你早晨一醒来就刷手机。

6. 如果可以，把电视移出卧室。如果你就要在卧室看电视，注意控制看电视的时间。

7. 享受你从新的、改善后的睡眠习惯中收获的精神和身体上的益处吧。你的压力和倦怠调节将朝着好的方向发展！

遭受睡眠剥夺的大脑

像塔妮娅一样，那些遭受睡眠剥夺痛苦的患者通常也伴有焦虑。如果你睡眠不好，关注自己的睡眠问题很正常。睡眠成了你最大的压力后，混杂着许多不祥的预感、悲观情绪和郁闷绝望：

如果今晚还是睡不着怎么办？

如果夜里一直醒怎么办？

如果睡醒起来还是很疲惫怎么办？

如果又睡不着了怎么办？

如果你经历过睡眠剥夺的情况，在准备睡觉的时候，这些最常见的猜想还有其他一些问题会让你一直焦虑并保持清醒。这是一种正常的心理反应，被称为预期焦虑（anticipatory anxiety）——当你想到即将发生的事情时，你会感到恐惧和焦虑。你可以对任何事情产生预期焦虑，因为焦虑是一种关注未来的情绪，它由各种"如果"推动。但如果你没睡好，从生理上讲，睡眠剥夺也会让你更加焦虑。

研究者称这种体验为过度焦虑和睡眠不足。在一项针对健康志愿者的研究中，一晚上不睡后，睡眠剥夺的人的焦虑水平上升30%，其中50%的人达到焦虑症的水平。事实证明，遭受睡眠剥夺的大脑和焦虑的大脑有很多相似之处。在该研究中，对经历了睡眠剥夺的健康人群进行的脑部扫描揭示了一些新的、有趣的东西：焦虑时过度活跃的大脑区域（比如杏仁核）在睡眠不足时同样过度活跃；相反，焦虑时不活跃的大脑区域（比如前额叶皮质）在睡眠不足时也不活跃。

"睡眠不足会触发和焦虑同样的大脑机制，使我们对焦虑敏感，"研究员埃蒂·本·西蒙（Eti Ben Simon）说，"休息良好时，帮助我们管理情绪的区域同样是让我们保持冷静的区域。这些区域对睡眠确实非常敏感，一旦我们缺乏睡眠，这些区域就'下线'了，我们没有办法触发这些情绪调解程序。"

记住，远古时代的蜥蜴脑也就是你的杏仁核，是你压力通路的关键驱动因素；而你的前额叶皮质则有助于抑制过度活跃的杏仁核。通过这些新的大脑扫描结果，科学家发现了深度睡眠的神奇作用：它是一种焦虑抑制剂，可以帮助你的大脑从压力中恢复过来。

关于人的生理机制如何影响睡眠，每天都有新的发现。因此，这不是你的问题，而是你的生理特性造成的问题，对自己多些宽容。

真希望当年我成为新手宝妈与睡眠做斗争时，能采纳自己的建议。在孩子出生后的几个月里，我对睡眠不足充满了担忧。我越担忧晚上即将到来的睡眠，压力就越大，感觉就越糟，睡眠就越差。

我的一位同事是睡眠医学的医生，几年前刚生过孩子，和她谈话让我重新振作起来。吃午饭的时候，我坦然向她承认晚上睡不好。我惊讶地发现，对于自己睡眠不好的情况，我竟有些羞耻。我一直给我的患者宣讲良好睡眠的好处，但按照自己常开的处方，我为什么睡不着呢？

她是一名睡眠医学专家，我做好了被她批判的准备。

相反，她笑了并拥抱了我。"我的孩子出生后的一年里，我都没睡好！"她说，"尽自己最大努力就好，不要过于担心，你最终会睡个好觉的。"

我大大地松了一口气。她的话让我发现，我应该像对待患者一样善待自己。我放弃了对一觉睡到天亮的期待。

事实证明，她是对的。一项新研究的数据显示，孩子出生后，父母可能会在长达六年的时间里一直经历睡眠剥夺。当我把一定要睡好觉的负担卸下来之后，我的睡眠得到了改善。我给自己用的方法和给患者用的一样：我不再关注晚上的睡眠质量，而是开始关注白天的工作质量。工作之余，我又开始锻炼，并在午休时冥想。白天更加高效后，我晚上的睡眠也更好了。现在，我更擅长用迂回的方法改善睡眠了。

这种迂回的方法对很多患者都很有效。

如果你感到焦虑，感觉自己在无休止地担心睡眠问题，或者饱受睡眠不足之苦，我邀请你试试技巧5中的睡眠处方，同时对自己多一些宽容。我也鼓励你多尝试本书提到的与睡眠没有直接关联的其他策略，比如运动或者4-7-8呼吸法（见第五章）。因为这些策略有助于你消解压力，从而重置睡眠状态。

超连接就是断连

通过社交媒体，你可能对朋友、家庭成员和老同学的生活有了更多了解，但这种数字社交实际上也有负面影响。如果数据能说明某些问题的话，那就是你每天花在手机上的时间可能更多，睡觉的时间可能更少，但你独处的时间也可能比以往任何时候都多。

经济学家布赖斯·沃德（Bryce Ward）说，直到10年前，美国人花在朋友身上的时间还和20世纪60年代时大致一样。到了2014年有一个显著变化，美国人开始越来越多地独处。为什么我们的社交习惯是在2014年改变的呢？这一年是人们使用智能手机的关键节点，大多数美国人（超过50%）开始使用智能手机。自2014年以来，使用智能手机的美国人逐渐增多。这一趋势不能精准地体现出因果关系：你独处的时间越来越多，并不仅仅因为你使用智能手机的时间越来越长。但研究发现，这两者之间存在相关性，即我们独处的时间越长，就越有可能出现情绪低落、睡眠困难、压力加大。

显然，根据这些研究，涉及科技时我们处于超连接状态；而涉及我们彼此时，我们变得越来越疏远。科学家们无法确定这对我们的长期心理健康和压力意味着什么，但我的直觉是，这会增加我们的孤独感。

在过去10年里，世界范围内的孤独感都在加深。全球范围内，至少有3.3亿成年人与家人、朋友的联系周期为两周以上。在美国，孤独已经成为一个刻不容缓的问题。美国卫生与公共服务部发言人甚至发布了紧急提醒，称孤独是一场公共卫生危机。最近一项预测为：每两个美国成年人中就有一个感到孤独，Z世代①的孤独感甚至更高——高达78%！

孤独和压力之间的关系非常复杂。研究显示，孤独可能会加重人的压力，并对健康造成其他影响。研究发现，它会使患心脏病的风险增加29%，中风的风险增加32%。它的致死风险与每天吸15支烟相同。孤独还会缩短人的寿命。一项研究发现，孤独会增加各种原因导致的过早死亡风险。首席研究员卡珊德拉·阿尔卡拉斯（Kassandra Alcaraz）证实了该观点："社会隔离与肥胖、吸烟、缺乏运动等带来的风险程度非常相似。"基于以上发现，我们亟须解决孤独问题！

在临床实践中，我经常目睹这种情况发生。孤独感在我的许多承受压力的患者中普遍存在，解决他们的孤独感——不管是提前预防还是实施一些恢复性方案——是我临床的主要工作之一。我会问每个患者的社交情况："你觉得在困难的时候，你有信任的朋友可以依靠吗？"大部分患者的答案是"没有"。我让他们描述最亲近的朋友，一些人会告诉我："我没有最好的朋友，如果非要找一个的话，那就是你，内鲁卡医生。"

这一回答反映了当今社会孤独的广泛流行。我们渴望亲密联系，知道有人关心你的生活是个很大的慰藉。现在60%~80%的人就诊与压力有关，我常想，这项数据中有多少压力的产生是因为社交孤立。如果患者得到了更多社会支持，有更强烈的归属感，医生还会接到这么多与压

---

① Z世代通常指1995~2009年出生的一代人，他们一出生就与网络信息时代无缝对接，受数字信息技术、智能手机产品影响比较大。

力有关的就诊吗？我不知道，但我想应该不会。

社会支持对压力管理太重要了，所以我把它作为"生活方式快照"的主要部分（见第二章"社群意识"）。我们可能有不同的社交需求和门槛——有些人内向而有些人外向——但不管我们是什么性格，与其他人建立社会联系都可以促使我们更好地生活。根据哈佛大学的"哈佛成人发展研究"项目，人际关系的质量是预测人一生幸福度的最重要因素。该项目是对幸福进行的最长时间的研究，持续了80多年。社会支持是互惠的，获得支持固然很重要，支持他人也可以提升我们的健康状态。

在压力状态下，人们很容易感到孤独或者更喜欢独处，而时不时地与他人保持联系有助于你减轻压力，即使你很内向。有很多方式可以建立有意义的联系，你可以在每周加入一些简单的联系时刻：与邻居聊聊天，打电话邀请朋友来玩，参加当地的艺术课程或者其他兴趣爱好小组，邀请同事一起吃午餐，或者某个下午与朋友或家人逛逛跳蚤市场。

如果你觉得太忙了没时间社交，可以将社交加入你每周的办事清单中。每周都制订计划，至少与一个你处得来的人联系。不管你选择谁，找一些可以与其进行对话和建立联系的事情即可，用一些简单的方式开始与他人建立联系。不需要成为"社牛"，但你的压力可以从生活中的人际联系中得到一些缓解。人类天生就需要社会联系，所以培养归属感有助于我们的精神和身体保持健康。

不要再相信你必须保持高效率的谎言，也不要觉得与其他人联系必须带着特定的目的，这都是忙碌文化的一部分。你只要享受快乐就好。

科学记者凯瑟琳·普莱斯（Catherine Price）说："我们通常认为，乐趣是只有在事情进展顺利时才能拥有或体验到的东西。事实上，乐趣可以增强我们的复原力和精力，有助于我们应对生活中遇到的困难。"

塞尔玛是我的一个患者，也是一位政治活动家。与她相处时间最长的人都肩负着进行政治变革的严肃而艰巨的使命，她也为政治活动付出了很多时间和精力。她由于观看对布雷特·卡瓦诺的"性侵案"听证会而再度受到创伤。塞尔玛第二次来我办公室的时候，已经成功实施了媒体戒断，压力和睡眠情况也得到了改善。于是，我建议她遵循"两个法则"，再增加一件要做的事——增加社会支持，享受社交。

"你都做些什么来让自己放松和获得享受呢？"我问塞尔玛。

"嗯，我想想……我上次为了放松做的事情，是去参加独立日音乐会。"塞尔玛告诉我，"我是作为陪护人，带一家社会服务机构的弱势青少年去看的。"

"独立日音乐会是六个月前的事情了，塞尔玛。而且在我看来，陪护也不是什么让人放松的事情。"我温柔地说。我明白了，目前塞尔玛没有给自己留娱乐的时间。

"确实不怎么放松，"塞尔玛承认道，"那些大一点儿的孩子一直趁机溜出去抽烟。"

我们都笑了。但我知道，我应该采取不同的方法。

"好吧，让我们穿越到你生命中的另一个时期——当你还是少年时，有什么事情是让你感到开心的吗？"我问。

"哦，有的！我高中的时候是足球队的，球队还得过冠军。"塞尔玛咯咯地笑道，"我们很厉害！我的新邻居爱丽丝（Alice）正在组建一个成年女子球队，她还问我是否想要加入。"

"为什么不呢？你可能会再次爱上踢球。"

"我已经30岁了！要是我踢得特别烂，怎么办？"塞尔玛忍不住笑着说。

"如果爱丽丝有这方面的担心的话，我想她不会邀请你的。"我告诉她。

"好吧，也许我以后会给她打电话。"塞尔玛有点犹豫。

"为什么不今天就打呢？"

塞尔玛下定决心站了起来，说："好吧，今天。你知道，成年后，我认为自己必须把所有精力都用在政治活动上，要认真对待，不能把时间浪费在兴趣或者'没必要'的事情上。"

"即使你所有的精力都集中在有意义的事情上，这些事仍然会成为不健康压力和倦怠的来源。"我说，"我们都需要通过一些自我疗愈来进行重置，有时包括和其他人做一些纯粹只是为了放松的事情。"

两个月后，塞尔玛又来见我了。她给我看了一张照片，是她、爱丽丝和其他两位女性穿着足球球衣的合影。然后，她感谢我让她能够重新享受生活。

"我的足球队很有意思，"塞尔玛告诉我，"但最棒的是，爱丽丝和我每周结伴去踢球，回家的时候在一家冰沙店坐一坐，每次都尝试不同的口味。我们谈论自己的生活，非常开心。这件事很简单，但我从中享受到了很多快乐。"

"那么,我猜,你踢球一定不差吧?"我笑着问她。

"不差。实际上,我觉得身体在感谢我一有机会就不顾一切去球场踢球。"塞尔玛说,"做这项体育运动让我的情绪更加稳定。我还遇到了一些很酷的、志趣相投的女性朋友,她们每周也来踢球。我们还打算组织一场女性之旅,去洛杉矶看看那儿的女子足球队!"

塞尔玛对足球队的描述让我觉得每一次足球比赛都是一次重置,她每周都有一次重置的机会。通过一些细小的改变,每次改变两个,塞尔玛学会了如何利用第二次重置保护自己的心智带宽,她在喧嚣的世界中找到了属于自己的宁静,通过媒体戒断减少了自己刷屏的欲望,并在这个过程中重新获得了大脑、身体需要的休息和治愈。在她不再觉得精疲力竭之后,她就能够运用自己的心智带宽来与她的足球队建立有意义的连接了。由于专注于网络之外的世界,塞尔玛在真实世界里找到了归属感和快乐。

塞尔玛取得了非常大的进步,现在正在从第三次重置(如何让大脑和身体同步来控制不健康的压力)中获益。我们将在接下来的一章里继续探讨!

THE
5 Resets

第五章

———

第三次重置：身心合一

你的压力和倦怠可能让你感觉沮丧，这种压力和倦怠仿佛没有尽头，但好消息是，这两种情况都是可以完全扭转的。通过学习第三次重置，你可以扭转慢性压力对大脑和身体造成的负面影响：通过身心连接做到大脑和身体同步。这也是本书大部分内容所依的科学基础。

我们当然都知道，大脑是身体的一部分，但我们常常会忽略大脑和身体对彼此的强烈影响。你几乎时时刻刻都在经历着身心连接：在重大会议开始前，心脏怦怦地跳；坠入爱河后，心里小鹿乱撞；尴尬的时候，满脸通红；你甚至会用本能来判断某件事对你来说是对的还是错的。这些反应都是日常经历的典型的身心连接的例子。矛盾的是，身心连接是第三次重置的基础，通常不被认为与我们的压力水平和整体健康有关。

身心连接不是迷信，它是基于一定研究基础的，即大脑和身体一直保持着联系，密不可分。HPA轴——你的下丘脑、腺垂体和肾上腺之间的联系（见第二章）——就是身心连接的具体例子，它在生理上连接着你的大脑和身体。身心连接的一个关键原则是：对身体有益的东西对大脑同样有益，反之亦然。身体状态好的时候，我们的感觉也会更好，两者一直保持着紧密互动。

不论你是否意识到了这种交互，你的大脑都在不断地向身体发送信号，然后，你的身体做出反应。就像万有引力一样，身心连接也是自然法则，它一直在后台运作，保证你的正常生活。

建立身心连接

如果你能影响这种交互，重新连接你的大脑，并在这个过程中减少压力和倦怠，那不是很好吗？事实证明，你可以做到。即使身心连接是顺理成章的事，刚开始建立人为的连接时，你仍可能觉得不自然。这就是为什么身心连接是第三次重置的一部分：你可以学习如何让身体和大脑同步，加强身心连接，应对不健康的压力。

除了顶级运动员，我们在生活中用到更多的是大脑而非身体。你的身体和大脑每天都在互相发送信号，但你很少停下来去识别这些信号。一旦了解了身心连接的工作原理，你就无法忽视这些信号了——这是一件好事，因为利用这一原理，你可以开发出很多方法来重置你的大脑和身体连接来减少压力、增强复原力。

回顾一下我在第一章中提到的我在实习时与压力进行的抗争。作为住院医师，我没日没夜地工作，唯一的目标就是坚持下去。我告诉自己，坚持下去，熬过实习，会成功的。但晚上睡觉时我经常会心悸，这造成了我的睡眠剥夺和焦虑体验。我怀疑自己是否患有心脏病，但依旧强迫自己保持高强度的疲劳工作。我早就陷入了压力和倦怠的深渊，没有注意"金丝雀"发出的警告——它已经提醒我该停下来进行重置了。尽管感到疲惫、倦怠，我还是继续坚持，因为我认为不舒服是实习的正常部分。我的大脑和身体在交流或沟通，但我只是更加努力地让它们安静下来，大脑和身体就像是在对着虚空尖叫。

我之前从来没听说过身心连接，我的培训课程中没有涉及这部分内容，21世纪初的传统医学中对此也没有过多讨论。我已经做了所有必要的医学检查，所有指标都是"正常"，但心悸依旧发生。为了自救，我只能自行了解心悸的相关知识。因此，像我的许多患者一样，我开始自己研究。作为正在实习的医生，我可以接触到大量的研究资料，因此我不必像许多患者一样在网上看病。我阅读了关于身心连接的资料，并学习了我在第一章提到的为医务人员提供的正念课程。

第一次看到这个课程的广告时，我想："为什么不去试试看呢？反正下班会路过这儿，每周一次，共八周，也不太贵。如果我不喜欢，以后不去就行了。"

但上了第一节课后，我不仅迫不及待地想要上第二次课，还感觉这是一次大开眼界的经历。这次课程改变了我的医学职业轨迹。

授课老师迈克尔·拜因似乎明白，我们班上的大多数内科医生都需要迈出简单的第一步来发现和重置身心连接。我们需要一些即使是在忙忙碌碌、分身乏术的日子里也可以完成的事情，不需要安排特定的时间、不需要脱离工作和日常生活也可以做。他教了我们一个技巧，第二天我就用了，自那之后我一直沿用至今。

"静止—呼吸—保持"是最适合用来理解身心连接的技巧，只要几秒钟就可以学会。所有人都可以利用这个技巧协调和重置自己的身心连接，减少压力，增强复原力。

技巧 6：静止—呼吸—保持

总体来说，该技巧是可以在有生活压力时使用的。选择一件你每天都会做的、微不足道的、不需要动脑的、重复的事情，这件事最好需要连续的步骤来完成，例如做咖啡、清理厨房台面、上车、查收邮件、登录线上会议，或是提前一天整理公文包或背包。这些事情越简单、越重复，效果越好。我个人最喜欢的事情是拿起手机查看工作邮件。

刚开始进行练习时，在心里默念或大声说"静止"，然后有意识地让你的身体完全静止。停下来，尽量一动不动，感受那一刻的宁静。

然后对自己说"呼吸"。当然，你本来也一直在呼吸，但现在深吸一口气，然后再呼气，用几秒钟全身心地感受你的呼吸。在深呼吸时放松身体。

最后说"保持"。花点时间让自己冷静下来，感受当下。集中注意力，感受此时此刻，享受这短暂的停顿。在准备进行接下来的任务前，纯粹地感受自我。

使用"静止—呼吸—保持"技巧只需要花五秒钟，但这是一种利用身心连接来重置的非常有效的方法。这就像是做自我确认。

我第一次用"静止—呼吸—保持"技巧的时候，正在医院从事忙碌的临床工作。我选择的自我确认事件是在见患者、敲响他们的门之前的时刻。我看着排得满满的日程表，觉得不堪重负，随着时间的流逝，越来越强烈地感受到很多医生说的倦怠。"静止—呼吸—保持"技巧改变了我和工作的关系，改变了我和每个患者相处的模式，也改变了我的压力状态。这是我第一次通过它激活了身心连接能力。

对我来说,每面对一个新的患者,都是一次全新的、练习身心连接的机会。这五秒钟一整天都在重复,重置了我的心智带宽,让我能够感受当下,完全改变了我的生活。我依旧很忙,但从一个病房转到另一个病房时,我没有那么大的压力了。

开始练习"静止—呼吸—保持"时,敲门前,我会站在病房门口,悄悄对自己说"静止—呼吸—保持",然后按照之前说过的步骤执行。久而久之,这成了一个习惯,我就不再需要语言提醒了。

这个技巧在我冗长的工作日中反复被使用,重置了我的工作基调,在我的生活中产生了连锁反应。在工作中掌握这一技巧的窍门后,我在家务时也加入了这一练习。每天早上,当我打开百叶窗时,喝第一杯早茶时,做完饭清理厨房台面时,洗盘子时,我都在练习它。我把这五秒钟的"静止—呼吸—保持"应用到了日常生活的每件小事上。

有趣的是,身心连接听起来非常吸引人,但实际上,获得强有力的身心连接的过程是相当乏味的。所以,这些单调的重复性任务对改变我们的生活起到了至关重要的作用。这正是我对本书提到的减压技巧感到如此兴奋的原因。任何人在任何地点、任何时间都可以使用这些技巧,不需要做豪华水疗,不需要到山顶清修,也不需要有带人工智能的高科技设备帮助。你可以利用这些新学的技巧重置你的大脑和身体,减少压力,获得更多复原力。例如,在开始洗衣服或者洗碗前,你就可以利用"静止—呼吸—保持"技巧。

加布里埃尔(Gabrielle)今年33岁,是一名特殊教育教师。她告诉我，她负责教七八岁的自闭症儿童，他们身上强烈的负能量常常让她感到不知所措。由于她的工作需求度很高，她开始感到筋疲力尽。我建议她在工作中试试"静止—呼吸—保持"技巧，每次把身体转向黑板时都进行这一练习。

后来，她说："有五秒钟的时间与自己建立连接，让一切都变得不同了。这个技巧我每天至少用几十次。接下来，我要教孩子们这个技巧。"

也许只有短短的五秒钟，但"静止—呼吸—保持"技巧却有着持久的冲击力。它激活了你的身心连接，让你的大脑注意到当下你的身体和身体感觉，以及你的思想和情感，而不是像通常那样盲目地向前冲。在那一刻，你只需按照简短的清单上的步骤进行，就可以调节应激反应，通过呼吸让你的神经系统远离压力。在练习"静止—呼吸—保持"技巧时，一种复杂的生理机能在起作用。

你知道吗？呼吸是你唯一可以根据自己的意愿控制的生理过程。你可以自主控制你的呼吸（例如深吸一口气），但当你不关注它时，你的身体会自动接管呼吸过程。是不是很酷？其他生理反应都无法做到这一点——心跳、胃肠道消化及大脑思考都不行。这是人体的伟大奇迹，也是说呼吸是通往身心连接的门户的原因。

研究同样表明，你的呼吸模式可以影响你的情绪。通过多年研究，科学家们发现这是压力激素皮质醇和迷走神经（vagus nerve）在起作用。迷走神经在身体中充当着多种角色，包括控制呼吸、消化及放松能力。

科学家们虽然早就确定了皮质醇和迷走神经是关联呼吸与情绪的关键因素，但无法准确地描述大脑中发生了什么，直到2017年的一项新研究改变了这一现状。斯坦福大学的一组科学家精确定位到了负责连接呼吸与心理状态的一小簇脑细胞，他们称之为"呼吸起搏器"（pacemaker for breathing）。这是一项重大发现，它让我们更清楚、更生动地了解了当人深呼吸时，大脑中发生了什么，以及呼吸如何帮助人控制不健康的压力。大脑中的"呼吸起搏器"是身心连接的大本营，呼吸是进入大本营的大门。

久而久之，"静止—呼吸—保持"技巧在激活身心连接上起到的作用会越发显著，但是当你面临高度紧张的时刻时，你也需要其他随手可用的技巧。

技巧7：放松呼吸

放松呼吸有三个技巧，即腹式呼吸、4-7-8呼吸法及胸式呼吸。你可以随时利用这三个技巧来减轻压力。我在开会、开车、做饭、赴约甚至和其他人看电影的时候，都会练习这些技巧。没人会注意到你在做什么。

腹式呼吸

你在混乱、忧伤、不知所措的时候，能够立即缓解压力的最有效的呼吸技巧是腹式呼吸。这只是一个表示利用腹部进行深呼吸的花哨名字。在压力下，你的呼吸会变快、变浅，只停留在胸腔；而在平静状态下，你的呼吸会更慢、更深，抵达腹部。婴儿是优秀的腹式呼吸者，但在长大成人的过程中，这种能力慢慢退化了。在焦虑或者紧张得不知所措，导致呼吸急促的时候，你可以学着将呼吸模式调整为腹式呼吸，暂时主动控制自己的呼吸。

你可以通过以下方法练习腹式呼吸：

1. 刚开始练习这一技巧时，将手放在腹部，以便更直观地感受呼吸。
2. 用鼻子吸气，吸气的时候让腹部鼓起。然后用鼻子或嘴巴呼气，呼气的时候收缩腹部。

你会发现，在练习腹式呼吸时，你的呼吸会变得更慢、更深，此时你是在用腹部呼吸而不是用胸腔。鉴于缓慢、深层的呼吸与基础、浅层的呼吸不能共存，所以当你焦虑或者不堪重负、亟须减轻压力的时候，你可以进行腹式呼吸。

瑞安是我在第三章提到的患者，一家音乐公司的高管。一天下午他从伦敦给我打电话，语气惊慌失措。"通过执行我们制订的计划——每天散步、弹吉他，我的睡眠得到了很大改善，这太棒了，"瑞安告诉我，"但在开会或者跟其他人交谈时，我还是非常焦虑。我本该在今天节目开始前亲自和电台制作人联系，但我很害怕。我一整天都在责备自己软弱，而我以前从来没有这样过。"

在电话这头，我都能听出瑞安快喘不过来气了。我平静地说："瑞安，没事，现在就来缓解你失控的压力。我现在教你如何克服战斗或逃跑反应，让休息和消化反应（rest-and-digest response）取而代之。"

"怎么做呢？"

"利用你的生理机能，让它为你服务，而不是与你对抗，这样你就能在今天的会议上保持平静。你现在这么自责，是因为你的生理机能正在试图保护你。"

在电话里，瑞安和我一起练习了腹式呼吸。我告诉他将手放在腹部，并确保他的呼吸从胸腔向下进入腹部，这样，他就能够感受到腹部正随着呼吸而起伏。在这一极度紧张的时刻，瑞安学习的是如何激活他的副交感神经系统（parasympathetic nervous system）。

副交感神经系统主导人的休息和消化反应。它的作用机制和掌管战斗或逃跑反应的交感神经系统（sympathetic nervous system）完全相反。这两个系统是相互排斥的，不能同时起作用。交感神经起主导作用时，你就会感觉压力很大；副交感神经占主导地位时，你就会感觉平静。这就像是一个跷跷板，两个系统协同联动，而且每个系统的影响几乎都是立竿见影的。

我和瑞安一起做了几个深呼吸，然后教他使用"静止—呼吸—保持"技巧，并鼓励他每次去见音乐制作人前都使用这一技巧。

瑞安的呼吸在电话那头平静下来，说："这个方法见效真快，谢谢！我要把这个方法加入我的新'两个法则'中。"

当天晚些时候，我接到了瑞安的短信，他说新呼吸法非常见效，他在与人的互动中表现得非常完美。

像瑞安一样，通过练习本书的策略，你的压力会随着时间的推移逐渐减小，就像烧开水的茶壶，打开你的"阀门"，让大脑和身体慢慢释放积累的高压力。打开治愈性的"蒸汽阀"，交感神经系统的战斗或逃跑反应自然就会降低。

直接管理交感神经系统可能会需要一些时间，而这些呼吸技巧起效很快。因为它们越过了交感神经系统，直接作用于副交感神经系统，几乎瞬时让你感觉更加平静、理性，压力减小，尤其是当你被不健康的压力弄得"气血飙升"时。不过，这些呼吸技巧只是暂时让你的"金丝雀"安静下来，而本书其他技巧可以帮你一劳永逸地安抚好它。

4-7-8呼吸法

一旦你掌握了腹式呼吸，就可以开始学习进阶呼吸技巧——4-7-8呼吸法。我不但教患者这一技巧，自己也在使用。当你睡不着或者睡不安稳时，这一技巧非常有效。练习时最好躺下来，因为初学者站着练习可能会有些头晕。

和简单的腹式呼吸一样，放缓呼吸，深深地吸气和呼气：

1. 将一只手放在腹部，另一只手放在胸口。随着你的呼吸，感受腹部的起伏。

2. 用鼻子深深地吸一口气，慢慢从1数到4。

3. 然后屏住呼吸，慢慢从1数到7。

4. 最后，用鼻子或者嘴巴呼气，慢慢从1数到8。

5. 重复这个呼吸循环两到三次，然后休息一下，用自然的呼吸模式正常呼吸。

6. 调整好后,再用4-7-8呼吸法技巧重复两到三个循环。

我的很多患者都说,这是他们用过的最有效的助眠方法。4-7-8呼吸法之所以如此有效,是因为它建立在身心连接的基础上。练习4-7-8呼吸法时,你是在有意识地激活副交感神经系统,这可以直接抑制交感神经系统的活性。这也是为什么腹式呼吸和4-7-8呼吸法可以如此有效地从内到外重置大脑,缓解压力。

胸式呼吸

当你感到疲惫时,另一个可以帮助你的呼吸技巧是胸式呼吸。在生理学上,其作用原理与其他两个呼吸技巧相似。但由于你的手放在胸口,在极度悲伤或沮丧的时候,这会有一种自我安慰感:

1. 将一只手放在胸口,另一只手放在腹部。随着呼吸感受胸口的起伏。
2. 用鼻子吸气,慢慢从1数到4。
3. 用鼻子或嘴呼气,慢慢从1数到7。
4. 进行几个循环,直到自己平静下来。

我在诊所教这个技巧时,患者告诉我,这个技巧让他们在那一刻感觉与自己的联系更加紧密了,自我同情感更加强烈。你也可以在情绪低落时尝试一下,看看它是如何帮你进行自我安慰的。

不管用何种呼吸技巧,你的呼吸都可以作为一种有力的工具来激活并影响身心连接，减轻压力，增强复原力。

我在学习这些呼吸技巧的时候，非常欣赏精神导师埃克哈特·托利（Eckhart Tolle）的一句话。这句话完美地描述了呼吸对情绪状态的影响："无论什么时候，只要你想起来，就尽可能地关注你的呼吸。坚持一年，会有非常大的转变……而且这个技巧是免费的。"

在一天中的不同时间评估你的呼吸，可以很好地提醒你呼吸与精神的连接状态。你开始新的一天时，花几秒钟关注你的呼吸，不要干扰它。你作为观察者，观察自己正在用哪个部位呼吸——是鼻子、胸腔还是腹部；观察空气是如何以特定的节奏进出你的身体、在你体内循环的。这就是你呼吸的自然节奏，熟悉自己自然的呼吸节奏有助于身心连接的建立。

需要的时候，将这四种技巧——静止—呼吸—保持、腹式呼吸、4-7-8呼吸法及胸式呼吸——融入你的日常生活。在刚开始学这些技巧的时候，我会在工作用的电脑屏幕上、浴室的牙刷架上、洗衣机上及厨房的电水壶上贴一些标签，例如"静止—呼吸—保持"。这是四个你可以利用身心连接重置大脑、减轻压力的日常时刻。在开始关注日常生活中的身心连接后，你会感觉越来越好。

在感到压力巨大、混乱不安的时候，让自己的呼吸平静下来，可以帮助你减缓压力的蔓延，在彼时彼刻保持专注和清醒。不论什么情况，能够感受当下，是建立强大身心连接的意义所在！

运动减轻大脑压力

还记得我在第一章提到的患者迈尔斯吗？他是软件部的经理，曾对自己的压力不以为然，他来见我完全是为了应付他的妻子。但六个月后他再次来到我的办公室时，他的态度全然不同了。

迈尔斯面临着"终极审判"。他刚刚被确诊高血压和糖尿病前期，而且医生建议他进行药物治疗。在迈尔斯的坚持下，医生同意给他一次机会，先让他改变自己的生活方式，两个月后再复查。这次迈尔斯来见我不是为了妻子，而是为了他自己，为了改变自己越来越差的抗压能力。

当然，迈尔斯不是第一个忽略压力对生活造成负面影响的患者。对于大多数人来说，只有实在走投无路了，他们才会正视不健康的压力，这往往是最后的选择。我们被忙碌文化和"复原力神话"荼毒至深，以至于承认失控的压力正在影响自己的健康并加重原本的症状，往往让人深感失败。然而，放弃与自我的持续对抗也是一种解脱，因为如果你不做出改变，只会造成两败俱伤的局面。即使你从未想过自己会落到如此境地，选择面对不断增加的不健康的压力并决定采取行动，实际上是你自己力量的象征。

"听着，我不能继续这样下去了，"迈尔斯告诉我，声音有些颤抖，"我要保持健康。我还有家庭需要照顾，有孩子要养。"我敢说，迈尔斯不习惯精神和身体带来的挫败感，尤其是他在大学的时候曾是一名一级运动员。

"前一秒我还是个健康的运动健将,下一秒我就成了一个身材走样的中年职员,只是和孩子们悠闲地骑骑自行车就气喘吁吁了。"迈尔斯难以置信地说,"我的医生想让我进行药物治疗,这让我感到非常震惊。"

"这不是你的错,迈尔斯。"我安慰他说,"很多人在日常生活中整天都坐着,你不是个例。"

数据显示,美国人现在坐着的时间比以往任何时候都长,有的人一天坐着的时间会超过8小时。久坐看起来似乎是一件被动、无害的事情,但它确实会对人的身心健康造成影响。一项对近80万人的研究发现,坐着时间最长的人患糖尿病的风险高出112%,患心脏病的风险高出147%,死于心脏病的风险高出90%,总体死亡风险高出50%!

如果你听过"久坐无异于吸烟"这个说法,上述研究结论就解释了其中的缘由。久坐不仅会危害你的身体健康,还会损害心理健康。研究者已经发现久坐和情绪存在一定关系。一些研究显示,久坐与罹患焦虑、抑郁的高风险存在显著相关性。"久坐暗藏危险,"研究者指出,"但这是我们习以为常的事情。"

迈尔斯回想了一下自己每天的日常安排:"是的。我一整天都坐在桌前工作,然后晚上我又在沙发上坐好几个小时。我甚至不用站起来关灯或者调低暖气温度,仅用智能手机操作。天啊!"

"好吧,我理解。"我说,"有时我丈夫就在隔壁,我还给他发短信,这样更快、更省事儿。"

迈尔斯笑了，但马上又严肃起来说："我站得最长的时候可能就是洗澡了，还有我刷牙的时候。这太令人震惊了。"

迈尔斯颤抖着吸了口气，我可以看到他的眼睛开始有些湿润。

"还记得上次我跟你说过，我爸爸一天都没休息过吗？"他说，"我总是以为这是值得敬佩的事情。他在公司工作一整天，然后回到家，坐在家里书房的办公桌前继续工作。他全部的心思都在工作上，从来没有享受过生活，我也从来没见他睡过觉。久而久之，他胖了起来，就像现在的我一样。"

我说："你确实很有洞察力，迈尔斯。我相信，以你父亲当年的知识，他已经做得很好了。现在，对压力如何影响大脑和身体有了更多的了解，你可以根据现在了解到的最新信息，尽自己所能，做到最好。"

迈尔斯现在意识到，他不能"等"有时间了再处理压力。他的医生给他敲响了警钟，这让他有一种紧迫感，觉得必须立刻采取行动管理压力。

"我想我得花钱请个教练，或者每周去健身房运动10个小时。"迈尔斯说，"这将是艰难的。"

我建议道："不需要练得这么狠。只需要一点儿运动，情况就会大不相同。你可以从每天花一点时间开始，暂时离开你的大脑，融入你的身体，这也可以让你的精神变得更好。"

我们讨论了"两个法则"的好处，我给迈尔斯开的第一个干预处方是每天散步20分钟。他怀疑地看着我说："无意冒犯，但20分钟的散步对我来说可能不够。我曾是个运动员，知道要减掉20磅（约9千克）需要怎么做。另外,对我来说,一天找出20分钟的空闲太难了。"

"你每天都刷领英(LinkedIn)吗?"我问道。

他告诉我,为了工作他每天会浏览几次领英,每次20分钟左右,以寻找有工学学位的候选人。

我建议道:"将其中一次浏览领英的时间用来散步吧。"

迈尔斯耸了耸肩,咧嘴一笑:"好吧,我这么做是因为你要求我这么做,但是这不会起什么作用的。"

"突然之间做出巨大的生活方式的改变,会给你造成更大的压力,"我对迈尔斯解释道,"我们先从两个小的、渐进式的改变开始,它们会给你带来更有效、更持久的改变。散步是第一个。"

细水长流

和我的许多患者一样，迈尔斯相信只有通过长时间、高强度的艰苦锻炼，才能改善他的健康状况。由于空闲时间很少，迈尔斯在繁忙的一天中找不到一段足够长的时间来运动，尽管他知道运动对身体健康的重要性。

拥有"全有或全无"这种想法的，不止迈尔斯一个人。虽然有75%的人相信运动对健康很重要，但只有30%的人运动量达标。运动量的差距不在于认知，而在于行动。

我们都认识一两个运动狂热者，但是大多数人很难有规律地运动。对于我们大多数人来说，运动等同于"恐惧"。养成运动习惯是非常困难的，当你饱受压力、精疲力竭时，运动就更加困难了。你如果确实克服了惰性，穿上了运动鞋，可能还要面对刚开始运动时心理和身体上的不适感。因为你已经有一段时间不运动了，可能会肌肉酸痛；可能会觉得自己不协调，或者对自己的身体状态自责。可能不喜欢这样的感觉：有太多的事情要做，以至于觉得自己什么都没做成。即便是一些最优秀的运动员，也不喜欢锻炼。拳王阿里（Muhammad Ali）是重量级拳击冠军头衔的多年保持者，他说："训练的每一分钟都令我讨厌。但我说，不要放弃。现在吃点儿苦，下半辈子就能带着冠军的头衔过活了。"

虽然知道优秀的运动员也不喜欢锻炼，让人感到一丝慰藉，但不同的是，他们无论如何都得锻炼。他们认为锻炼需要自律，而我们其他人则认为锻炼需要动机。但真相是，没有人有动力每天锻炼。每当我问患者是怎样养成规律运动的习惯的，几乎所有人都回答"不想运动的日子，我会想运动完的感觉有多棒。有时，这是唯一能让我开始的动力"。

久而久之，对于逃避运动，我的患者就有了真实、正当的借口，例如没时间、没精力及没动力。但在我的患者（包括我）中，我发现最大的障碍（虽然没人明确地如此表达）是对于运动，每个人内心都有一种"要么全力以赴，要么丝毫不动"的想法。如果工作日我们没有精力全身心地运动，那为什么要开始呢？对于影响健康的其他方面，比如睡眠和饮食，我们会给自己留有很多余地，但对于运动，我们对自己的要求总是非常苛刻。试想一下，如果你对待运动像对待睡眠一样，情况会有何不同？你可能经常睡眠不足，经常拖到不能再拖才睡觉，但你也能接受睡眠质量不会一直很好的事实，而且仍然尝试睡一小会儿。你不会想："今天晚上我肯定睡不够八小时了，那我还睡觉干吗？"我们能接受睡眠的不完美，在睡眠质量不太好的时候对自己很宽容，那为什么不对运动也报以同样的宽容呢？

我们对运动"全有或全无"的想法，很大程度上源自我们身体上和心理上对运动的巨大期待——提到运动，我们联想到的是紧绷的腹肌和发达的肌肉，这让人觉得遥不可及，有时甚至让人感到气馁，以至于那些长时间不运动又想重新开始运动的人望而却步。

研究表明，运动的最大好处是提高整体健康水平和幸福感，而不一定是减肥塑形。但不幸的是，由于我们这个社会对减肥和好身材的追求，我们只把运动与这两项联系在一起。即便体重没有变化，但成年人只要开始运动，就可以降低患高血压、高血脂和糖尿病的风险。超重的成年人开始运动后，即便体重不变，过早死亡的风险仍然可以降低30%。运动对大脑和身体的好处，远远超过体重上的变化幅度。事实上，来找我咨询的成千上万的患者中，他们开始运动没有一个是因为想通过运动带来外在改变。就我的患者而言，他们开始运动的转折点是心理状态的改善：运动可以通过多种方式放松他们紧张的大脑。

迈尔斯更关注的是健康的心理和健康的大脑。

"还记得茶壶的比喻吗？"我问迈尔斯，"运动可以成为释放治疗性'蒸汽'的有效方式。"

日常运动对大脑有益

神经科学家保罗·汤普森（Paul Thompson）为了解运动、大脑健康和压力之间的关系，研究了数千个大脑。汤普森说："有一个理论是运动可以减轻压力。我们扫描了皮质醇水平较高的人（的大脑），发现如果压力大，皮质醇水平会非常高。而皮质醇水平高的人，脑组织衰退得也快。这是非常严峻的问题。"

相关研究证实了汤普森的发现。慢性压力可能会通过长期高水平的皮质醇，使人的大脑过早萎缩。好消息是，压力过高造成的大脑萎缩是可以避免的，而且从某种程度上说是可逆的。汤普森给了我们希望："只要你知道了这个事实，就可以想办法降低皮质醇水平。这是非常简单的事情。我们可以通过运动、散步及休息来减轻压力，有很多方法可以照护好大脑。"

虽然压力会使大脑体积缩小，但运动有助于大脑特定区域增大。研究显示，体育运动可以使前额叶皮质变厚，并增加其连通性，提升其功能性。这就是为什么在某种程度上，运动可以帮助你提高解决问题的能力、注意力、认知力和记忆力。

即便你像迈尔斯一样久坐不动，一天中大部分时间都坐在办公桌前，开车往返于大多数地方，但只要每天进行一点点运动，大脑就会发生这些改变。一项对30个人的研究发现，每天运动的人比不运动的人的前额叶皮质要厚。前额叶皮质的另一个重要角色是直接与杏仁核交流，帮助管理应激反应。早期的大脑研究发现，运动可以提高前额叶皮质和杏仁核之间的连通性。前额叶皮质越大，两者连接越紧密。前额叶皮质功能性越强，大脑处理生活压力的能力也越强。

另一个随着运动增大的大脑区域是海马体，其负责学习和记忆（见第二章）。研究表明，运动是为数不多的能够促进新的海马体脑细胞生长的干预措施之一，这对老化的大脑有很大影响。事实上，研究发现，运动能将患阿尔茨海默病的风险降低近45%。

迈尔斯告诉我，他的祖父因阿尔茨海默病而去世。安全起见，他开始监测自己的记忆了。如果现在能做些事情来更好地保护大脑避免遭遇未来的压力和记忆问题，他愿意尝试。得知运动对大脑的这些好处，他最终决定进行运动。

迈尔斯同意每天腾出20分钟（只占他每天工作时间的1.4%）进行规律的体育运动。

越来越多的科学结果显示，即使每天只进行几分钟的运动，对大脑和身体也会起到积极的作用。一项研究发现，10分钟温和的运动就可以改善大脑；另一项研究发现，散步10分钟可以改善情绪。一项重要研究对25241名不运动的人进行了将近7年的跟踪调查，结果发现每天进行几次1~2分钟超短时间运动，例如跑步赶公交车，爬楼梯而不是坐电梯，可以将死于癌症的风险降低40%，将死于心脏病的风险降低近50%。即使偶尔绕着高尔夫球场走一圈，也能改善胆固醇水平。

"你准备让我每天打高尔夫吗？"迈尔斯笑道。他曾经非常热衷于高尔夫，但好几年没有打了。

"只要你有足够的时间就可以打高尔夫，但现在，我只要求你每天绕着小区走20分钟。"我说。

然后，我解释了让他这么做的原因。我说："这个散步有两个重要目的。第一个是为了你的身体健康，你需要让身体适应日常运动。"

迈尔斯承认道："我想我确实需要，尤其是我已经将近20年没运动了，已经很长时间了。"

"更重要的是，迈尔斯，这样做是为了提高你的心理健康水平，这是我的第二个目的。"我说，"这20分钟的散步会让你的大脑通路养成一个新习惯，为未来更多的运动做好准备。"

运动对迈尔斯的身体非常重要，对大脑同样重要。我提醒他："对你身体有益的，对你的大脑同样有益。"

你生活在大脑中吗

我们大多数人只生活在大脑中，而不是真正居住在自己的身体里。我们只关注大脑，这就是为什么开始意识到身心连接后，自己会觉得如此新鲜。在压力状态下，这种只关注大脑的感觉会增加，因为你可能会因为消极的想法而产生内耗，忽略了身体上发生的变化。直到你的"金丝雀"持续发出警告，你才被迫意识到身体症状。这些症状通常非常吓人。当我的"金丝雀"给我发出警告——心跳加快、呼吸急促、脸部涨红——我猝不及防，惊慌失措，因为我一直只活在自己的大脑中，没有意识到身体对压力的反应。

日常散步的一个好处是能让你在平静状态下熟悉自己的身体和身体体验。在急性应激反应中出现的很多体验，比如心跳加快、呼吸急促，在运动时也会出现，这是正常的生理反应。有了每天走路的习惯，你就可以在一个可控的、可预测的环境中习惯这些体验，这样，当这些感觉在不可预测的、有压力的时刻出现时，你就不会被它们吓到，它们也就不再那么可怕了。这意味着通过使用本书的多种技巧，当压力真实发生时，你更有可能采取行动来缓解应激反应。每天散步可以帮你的心理、身体熟悉心脏和肺部在正常应激反应下可能会出现的体验。

每天散步20分钟，是帮助你走出大脑、适应身体的绝佳机会。

我希望迈尔斯只是单纯散步，所以我让他散步时不要看手机。散步是让他熟悉自己的身体，在压力满满、匆匆忙忙的一天里按下暂停键，进行一些反思。这样，他的注意力会完全集中在走路上，不会因为和同事的电话会议、电子邮件或短信而分心。他熟悉了走路时的身体体验，并且完全建立起了日常运动的大脑通路之后，可以稍微看看手机。目前，我关注的是他是否可以沉浸在走路本身中。

我告诉他："我希望你在走路的时候，双脚结结实实地踏在地面上，感受脚下的地面。我还希望你在走路的时候关注自己的呼吸，然后将注意力放在身体的运动和感觉上，"我又补充道："把这看作运动冥想吧。"

迈尔斯笑道："我从来没有冥想过！我不能坐着啥也不干，但我对这个运动冥想很好奇。我的妻子试着学习冥想，但很难。我会和她分享这个办法的。也许她也可以自己进行运动冥想。"

如果迈尔斯不再为散步而散步，那他在散步时接听工作电话、听音乐或播客也是可以的。但从我治疗患者的经验来看，这可能是一条跌入深渊的道路：前一分钟还在接一个简短的电话，下一分钟可能就会蹲在路边查看和回复电子邮件。即便我们的初衷是好的，科技也会立即把我们打回原形。因此，刚开始培养散步的习惯时，要减少分散注意力的事情，专注于行走。

我的大多数患者一开始都非常抵触这一建议。当然，我理解。我们大多数时间都电子设备不离手。20分钟不用电子设备，可能会非常有挑战性。因此，我建议至少在把散步变成日常习惯之前，散步时不要使用手机。等60天后习惯养成了，我告诉我的患者，如果他们想，可以在散步时使用手机。但是，大多数人回答宁可在散步时继续不用手机。每天

20分钟已经成为他们不受任何干扰的、宝贵的独处时间,所以不带手机的散步变成了他们期待且愿意坚持的事情。

技巧 8:腾出 20 分钟

1. 看看一天中哪个时间可以腾出20分钟去散步,然后就开始行动吧,也许今天就可以开始!

2. 散步的时候,将注意力放在身体的运动上。在前进时,关注每一步与地面的接触,更加关注你的呼吸。将眼睛从手机上移开,观察周围的环境,不管是远的还是近的。

3. 散步回来后,在日历上画个钩。短暂的运动冥想后,着重体会一下你是多么平静又充满活力。抓住这种积极的感觉,用它激励你明天继续进行短暂的散步。每天都做标记,享受克服惰性、让身体运动起来的成就感!

克服惰性

对于很多一辈子都不怎么运动的人来说，养成每天散步的习惯是非常难的事情。他们被压力压得筋疲力尽，生活在自己的大脑中。从大脑中走出来、关注身体，是他们最不想做的事情——这太费劲了。

我还记得自己与压力抗争的时候劳累过度，睡眠不足，身体也很疲乏，以至于只是想到去健身房，就会引起本能的生理排斥。我不是没试过。我住的那栋楼的地下室就有一家健身房，我去过几次。但我走进去，看到的是那些巨大、傲慢的器械和跑步机，然后在健身房的镜子里看看自己，就径直转身离开了。在身体精力消耗殆尽时，健身房里紧张的气氛没有带给我任何欢迎或平静的感觉。

我的日常散步也是偶然开始的。在一个非常美妙的夜晚，我在上了12个小时班后离开医院。外面的空气非常清新，所以我没有直接回家，而是沿着小区风景优美的小路走了一圈。我走过小区的咖啡店，接着走过最喜欢的小杂货店，拐进小吃一条街，然后绕着附近的公园跑了一圈，才走回家。

虽然只比平时多花了10分钟，但我立马就感觉到压力水平的改变。我喜欢运动时身体移动的感觉——不是急着去送某个住院患者的血液样本或实验室标本，只是简单地散散步。第二天，我又走了一遍，并多走了5分钟。第三天，我又加了5分钟。从第四天开始，我在接下来的一周每天都走20分钟。散步成了我期待的事情，它让我以享受、放松的方式结束一天,这和我尝试去健身房时的感觉大不相同。我散完步回到家后,身心都有不同的感觉——更平静,更从容,更踏实。我当时不知道,但大脑正在为散步创造一条神经通路。由于多巴胺等化学物质的作用,我的大脑中产生的奖赏处理机制强化了这条通路。每一次散步,我就进行一次重置。

我打破了久坐的惯性,但这不是一夜之间做到的。这一切都是缓慢、有规律、循序渐进地发生的。如果有压力,你会很清楚静坐的惯性是如何让你感觉不想动弹,就像一种引力一样。你想摆脱困境,但一想到要克服惯性,就会感到筋疲力尽,所以你就会推迟运动计划,继续坐着,而这又让你感觉更糟。这是一个循环。

如果你是这样的,就考虑从小事做起,首先绕着小区散步。如果这让你感觉不错,第二天再把圈子绕大一点。做出去散步的决定,穿好衣服走出去,感受扑面而来的新鲜空气,都会让你感觉更好。散完步回家后,一定要给自己一些安慰,并祝贺自己突破了惰性的壁垒。在缓解压力之旅中,要学会庆祝自己的胜利——不管大小。

"你是说让我在散步后拍拍自己的背?"迈尔斯笑着说,看起来难以置信。

"是的,我是这么想的。每次做一些事情重置后,你的大脑都会发生改变。这值得庆祝。"我重申。

针对迈尔斯提出的两项策略的第二条,与肠—脑连接(gut-brain connection)相关(详见下文),要求他对饮食习惯做出小小的改变。我建议,上午10点休息时不要吃甜甜圈,而是选择一些蛋白质,比如一把杏仁或葵花籽——一些他可以随身携带的东西，就像拿甜甜圈一样方便。

就在准备离开我的办公室时，迈尔斯一手握着门把手，扭过身对我说："我们的交谈让我想到大学时教练告诉我的话——'健全的精神寓于健全的身体'（Mens sana in corpore sano，拉丁语）。教练告诉我们，这句话来自古希腊时的第一届奥运会。他让我们重复这句话时，我们都在嘲笑他，但现在我理解这句话的意思了。"那天下午迈尔斯离开我的办公室后，开始每天散步20分钟，这有助于他将建立身心连接付诸行动。

日常习惯的力量

迈尔斯知道重新养成每天运动的习惯需要付出很多努力，但他有个万无一失的计划。每个新习惯的养成都需要大量的心智带宽和脑力，因此大脑需要时间来适应你要求它做出的改变。遵循"两个法则"，采取微小的调整，你的大脑就不会把这些变化视为压力。一旦大脑将你的新习惯视作理所当然，它就会成为你日常生活的一部分。

作家塔拉·帕克-波普（Tara Parker-Pope）说，将新习惯无缝融入生活的关键，是让它们变得容易，即减少新习惯带来的摩擦，包括三个部分——时间、距离和精力。你要想提高养成新习惯的概率，就要减少与这三者相关的摩擦。迈尔斯的新计划就避免了摩擦问题，他的新习惯带来的摩擦几乎可以忽略不计。他将平时一次浏览领英的时间用来散步，这就解决了时间这个障碍；鉴于他不去健身房而是打算在工作休息的间隙到外面散一会儿步，距离也不是问题；只剩最后一个障碍——精力，而迈尔斯每天都必须付出精力，即使很少。

我解释道："把每日的散步想成刷牙。这是你每天必须要做的事情，不管喜不喜欢。不要考虑想不想，系紧鞋带，去就是了。"

在美国，几乎所有人从非常小的时候就被训练每天刷牙。这不是你能决定做不做的事情，也不能今天不刷，明天多刷一次，而是自然而然的。尽管刷牙这件事很平常也很不愉快，但你还是要刷。你应该花点时间，从脑科学的角度来考虑这是如何发生的。

避免决策疲劳

在你还是个孩子的时候，你的大脑里就建立了刷牙的回路。我们通常不会思考大脑通路的详细情况，因为很多大脑通路是在我们生命早期形成的，但我们可以通过自己如何学会每天刷牙了解习惯是怎样形成的。你的监护人在你童年时期就为你建立了牙齿卫生的大脑通路，尽管建立这个通路很麻烦，但你成年后仍然保持着这一习惯。同理，每天散散步可以帮助成年后的大脑建立一个强健身体的大脑通路。

当你开始做一件新的事情，对你的大脑来说，持之以恒比偶一为之更加容易接受。因为这避免了决策疲劳——不管一开始你有多么坚决，都很容易产生决策疲劳，想想你换了多少次健身方案。

你满腔热情地说准备周一、周三、周五去健身房。第一周周一有事，因此你告诉自己周二、周四去；但你周二也没能去成。于是你下定决心周三去，而且确实去了；但周四的时候你家里突然有事，然后度过了一个繁忙的周末，又到周一了。虽然第一周你打算进行多次训练，但实际你可能只执行了一天甚至一天都没有。这不是说你的意志不够坚定，而是因为你的生理特性。驱动新习惯形成的大脑机制也会驱动大脑中的压力机制，所以你开始做一件新事情时，一定要从微小的调整开始，争取每天都做。

这就是为什么我的运动处方总是从每天20分钟的散步开始。不管工作或家庭情况，每个人基本上都可以做到这一点。一旦训练了大脑，建立起运动习惯的大脑通路,你就可以根据自己的意愿增加或减少健身训练了。因为通过每天的步行运动,大脑通路已经建立起来了。

坚持散步习惯

养成散步的习惯后,你很可能会有一种成就感,这反过来会激发你散步的热情,让这种热情推动你前进。但你要知道,热情可能会在几周后消退。热情减退是生理机能的正常部分,不是说这一习惯对你的大脑不再有益。实际上,这只是意味着你正步入习惯养成的新阶段,你的大脑在适应这种变化。

习惯养成有三个阶段:开始阶段——开始养成习惯的时候;学习阶段——重复行为的时候;稳定阶段——习惯变成自然的时候。对于大多数人来说,整个过程平均需要两个月的时间。在这个过程中,你要做好遇到小挫折的准备,比如有几天没有运动。这些小挫折是大脑学习过程中的一部分。研究者证实:"偶尔中断一次,并不会严重损害习惯的形成……(但是)习惯形成过程中,对持续时间不切实际的期望会导致(你)在学习阶段放弃。"相信这一过程,给你的大脑两个月时间来巩固新的神经通路。即使是自己的大脑,它在努力养成新习惯时,也需要一点同情心。科学结论很清晰:养成一个新的习惯,不管是每天散步还是利用本书中的其他技巧,都是一种进步,都会伴随一些不完美。

一个月后,当迈尔斯来做随访时,我们查看了他的记录,看看他上个月运动了多少天。出乎他意料的是,上个月30天,他运动了28天!他正在养成运动习惯。也有那么几天,他很难抽出20分钟来散步,但那几天他会和同事约一个步行会议,或者饭后散步。这也可以算是打卡。每天打卡也给他一股成就感和满足感，让他更有动力继续。

"这些短暂的散步竟然带来了这么大的改变，真是不可思议！"迈尔斯告诉我，"我呼吸着新鲜空气，看着树叶慢慢变色，而我之前从来没有注意过季节轮转。我感觉更有动力了，而且我告诉你，自从把上午的甜甜圈换成了一把杏仁或核桃等坚果之后，我的思维变得更加敏锐了。这是我没想到的。"

"由此可见，即便只是简单细微的调整，也带来了很大的变化。"我说。

"确实如此。现在我不想错过散步了。不管那天有什么事，我都得散会儿步，连我的助理都会提醒我出去散步。我四年级的孩子每天早上会在我的公文包里放一袋杏仁，在他自己的午餐盒里也放一袋。因此，他也在养成一个好习惯。"

迈尔斯正在建立一个每天运动的新的大脑通路，很快，他的大脑和身体就会从这个新习惯中受益。

通过每日散步，他的压力水平、睡眠情况和精力都得到了改善。最终，他每周增加了三次健身房运动，饮食上也做了进一步调整。四个月后他再见医生时，血压恢复到了正常水平。他仍患有糖尿病前期，但医生同意他暂缓药物治疗，一个月后检查血管情况后，再评估是否需要吃药。迈尔斯下定决心要保持运动的习惯。

把运动融入生活

我过去也不运动,但在和压力抗争期间,我与一位92岁老妇人的谈话改变了我对运动的看法。那次我去喜马拉雅山麓的印度大吉岭徒步旅行。我没有徒步过,甚至不常走路,因此购置了最新的装备——新的冲锋衣、靴子及背包——想着可能会有用。第一天,在我哼哧哼哧走着的时候,一位老妇人脚步轻盈地超过了我。她轻装上阵,披着纱丽,穿着羊毛衫,脚上是袜子和人字拖。

后来,我在镇上一个街边摊位看到了她。我说:"我记得你!"

在徒步旅行的路上,她从我身边"呼啸而过",因为当时她摆摊要迟到了。在过去的50年里,她一直经营着自己的小生意。

我问她,在她这个年纪身体和思维都如此敏捷,秘诀是什么?

"你不需要那些,"她说着指了指我的高科技外套和装备,"你只需要这个!"她指了指自己的头说,"只要带着头脑,去哪里都可以!"

自那天起,只要我为自己不能运动而千方百计找借口时,我就会想起这位老妇人的人字拖和她的良好心态。

我的借口站不住脚。

在丹·布特尼(Dan Buettner)2008年出版的《蓝色宝地:解开长寿真相,延续美好人生》(*The Blue Zone: Lessons for Living Longer from the People Who've Lived the Longest*)一书中,他描述了世界上最长寿的

人的日常习惯。这些人在运动形式上有一个关键点：不做剧烈的、会出汗的运动，他们只是将低强度的运动融入日常生活中。

既然你已经知道在现代社会，你一天大部分时间都坐着，以及每天少量运动也可以给大脑和身体带来巨大影响，那么可以思考一下：如何在你的日常生活中不痛苦地增加一些运动？在每天的生活中，如何将这些长者的智慧融入呢？不要把车停在大楼门口，停得稍微远一点儿，走一段路；如果只是一两层就不要坐电梯，改为走楼梯；如果地铁站、公交站离你家或单位很近，就提前一站下车走过去。这些改变是你在日常生活中能够实施的，可以帮你养成运动的习惯。这些细微的时刻非常适合进行重置，真的会让你压力更小，复原力更强。不管你要进行更多运动的动机是减少压力、焦虑，还是想要心脏健康甚至长寿，都让你的动机成为激励你前进的动力。

在考虑如何将运动融入生活时，想想另一位睿智的老者、中国哲学家老子的话："合抱之木，生于毫末；九层之台，起于累土；千里之行，始于足下。"

肠—脑连接

运动可以通过激活身心连接来重置,这一方法广为人知。而另一个鲜为人知的重置方法是激活你的肠—脑连接。如果你从来没听说过这个词,这很正常。这是一个相对较新的科学概念,即使是医学界的人,也还没有完全理解肠—脑连接对身心健康的巨大影响。到目前为止,我们能确定的是:肠道的功能不仅仅是消化,在许多其他生理过程中也发挥着作用,比如控制情绪,保持心理健康,甚至应对压力。本书中的肠道指的是小肠和大肠,因为肠—脑连接的很多活动发生在这里。

即使这是你第一次听说"肠—脑连接",但一定不是你第一次感受到肠道对身体的影响,只是你用的可能不是"肠—脑连接"这个词,而是其他的词语。你是否曾体验过撕心裂肺(gut-wrenching emotions)、超准直觉(a gut feeling)或心神不安(butterflies in your gut)[①]?如果有,你已经亲身体验过肠—脑连接了。

肠—脑连接之所以可以影响压力,是因为肠道和大脑通过双向信息通道紧密相连。科学家有时把肠道称为第二大脑,因为肠道对情绪状态很敏感。它是身体中仅次于大脑的神经细胞或神经元的第二大聚集地。大脑向肠道发送"下行"信号,同时肠道又向大脑发送"上行"信号,这就是所谓的交互。这就像一个电话接线员把大脑和肠道连接起来,

---

① 上述这些词语的英文中都含有 gut(肠道)。

并影响一系列身体和心理健康状况——从糖尿病、帕金森病到焦虑和抑郁。事实证明，肠—脑交互也可能会影响你的应激反应。雷娜（Raina）告诉我，她得了"紧张性胃病"。雷娜解释道："只要第二天需要进行工作汇报，我就会肚子疼、恶心、一直跑厕所。我说服自己这是胃病，但它通常与压力有关，因为汇报完，我的症状就消失了！"

对于许多像雷娜这样的人来说，他们的"金丝雀"示警表现在肠—脑连接上，如恶心、胃痛、消化不良、腹胀、食欲不振和腹泻。你如果在压力状态下经历过以上任何一个症状，可能也忽视了你的"金丝雀"。

雷娜知道她的"紧张性胃病"症状与压力有关，但不知道下一步要怎么做。"我试着更合理地安排工作时间，在汇报前一晚放松，但似乎没有用，真的太难受了。"她承认道。

不幸的是，很多像雷娜一样患有肠—脑连接失衡的人都在独自默默忍受不适，而不是寻求医疗救助。你如果怀疑自己肠—脑连接失衡可能和压力有关，那一定要去看医生，以确保这些情况不是由潜在疾病引起的。即使怀疑胃病不是由压力引起的，也要和医生开诚布公地谈一谈，这很重要。在传统医疗保健领域，人们也越来越重视肠—脑连接，很多在该领域具有专业知识的心理学家都对此开展了医疗实践。不管你的病源是什么，医生都可以在医疗体系内找到合适的方法，为你提供治疗所需的支持和资源。雷娜来我办公室的时候，已经看过了全科医生，而全科医生让她去看消化科医生。做了全套检查后，雷娜被诊断为肠易激综合征（IBS）。她开始了治疗。除了常规治疗，她的医生建议她进一步进行压力管理。

"我知道压力加重了我的症状，但去做水疗也无济于事。"雷娜非常绝望地说，"我需要找到一个能真正减轻压力的方法。"

对于雷娜与压力的抗争，我感同身受。还记得我作为医生给患者的建议是"多放松"吗？雷娜尝试自己管理压力，但没有成功。她来到我的办公室，希望能得到一个具体的计划，帮她弄清楚如何应对"金丝雀"的警告。她的做法和大多数人意识到自己的"金丝雀"示警时一样：她在汇报前一天短暂地管理压力，一旦急性应激反应发作结束，她就恢复原本的生活。所谓的原本的日常生活包括熬夜、不规律饮食，以及每晚喝半瓶酒来减压。

"当你的压力爆发后，改变日常生活习惯是非常好的。"我鼓励她，"但是首要目标是预防压力爆发，或者至少将压力爆发的频率降到最低。"

雷娜陷入了一个熟悉的循环。她的压力会在短时间内爆发，强迫她全身心地处理压力。但她的急性压力爆发一结束，她就不怎么在意"金丝雀"的示警，以及她的生活习惯是如何给她造成压力的。一个月就这样过去了，所有事情似乎都恢复正常了。然后，每月一次的汇报又来了，而汇报正是雷娜压力爆发的诱因，她的"金丝雀"再次唱起警告之歌。

雷娜需要一些帮助来打破这个循环。我向她解释道："压力管理是个长期工作。先从小的、可持续的改变开始，每次进行两个，这样你每天都可以做，而不必非得等到汇报前一天。"

针对雷娜的两项策略的重点是，循序渐进地从她的压力"茶壶"中释放一些治疗性"蒸汽"。我们将一起实施两个关键的干预措施：第一，提早上床时间，保证睡眠；第二，每天通过20分钟的散步来重置大脑，缓解压力。

除了这两项干预措施，雷娜还同意进行针灸。研究发现，针灸对肠易激综合征和其他与肠—脑连接有关的疾病有疗效。她还将开始心理治疗，这是她的主治医生开的处方。我建议她和心理医生讨论一下，她是否患有酒精依赖症。

"我觉得你可能在用酒精进行自我治疗，"我建议道，"人们在压力巨大的时候经常会这么做。"

"葡萄酒确实能让我放松，帮助我更好地应对压力，"她承认道，"但它不能永久地帮我减轻压力。我也真的很想知道怎样才能不再每天喝酒。"

用酒精来自我治疗是非常普通的现象，尤其是在压力过大的人群中。意识到这一点并寻求专业帮助，是至关重要的第一步。我对雷娜愿意为此探索应对策略并为改变自己的生活做好准备表示了祝贺。

在前三个月里，在雷娜的医生团队开始对她进行综合治疗的同时，她也实施了制定的两项措施。她的肠—脑连接症状显著改善。她注意到自己"金丝雀"的警告，做出改变来永久地减轻压力，而此时她的"金丝雀"也安静下来。毫无疑问，雷娜的"金丝雀"是她的肠胃！

很多科学家都在尝试了解肠—脑连接的工作原理，这样他们就可以确定哪种疗法可以帮助雷娜这样的患者。"我们的两个大脑相互'交谈',"约翰霍普金斯大学研究肠—脑连接基础的医生杰伊·帕里查（Jay Pasricha）说，"因此，帮助一个'大脑'的治疗方法可能也能帮助另一个'大脑'……心理干预（如心理治疗）也可能有助于改善两个大脑之间的沟通。"

肠道是压力管理的大门

越来越多的研究表明，用不了多久，"肠道管理将成为压力管理的有效途径"这一理论便会得到认可。我曾经的一位导师经常说："在压力问题上，我们为什么将关注点都放在大脑上呢？肠道才是解决问题的关键，我们需要做出更多努力让人们认识到这一点！"

我导师这样说的基础是：人体95%的5-羟色胺（serotonin，血清素）发现于肠道中，肠道中的5-羟色胺受体数量是大脑中的3~5倍。5-羟色胺是一种大脑化学物质，一种神经递质，在一定程度上负责管理人的情绪。你听说过5-羟色胺，很可能是因为它是一种很流行的药物的名字，这种药叫选择性5-羟色胺再摄取抑制药（SSRI），它被用来改善情绪和治疗抑郁症。虽然我们把5-羟色胺称为一种大脑化学物质，但它大部分是在肠道中发现的，这不是很有趣吗？肠道真的是第二大脑！

了解肠—脑连接的影响机制后，就可以将其作为减少压力的有效工具。你要弄清楚压力是如何影响你的肠—脑连接的，反之亦然。

肠道是人体内最大的有益菌和其他有机体的微生态系统的家园，称为微生物群（microbiome）。这种微生物群在你的肠道和大脑之间建立信息通道和交互的过程中，起着关键的中介作用。这些有益菌生活在你的肠道中，但除了消化，它们还参与了身体的许多功能，比如免疫、情绪调节、压力管理等数百种其他生理功能。

就像你的大脑通过神经可塑性对刺激做出响应一样，肠道微生物群也可以根据体内发生的情况来改变功能。许多因素会影响肠道微生物群，包括人的年龄、疾病、药物，尤其是压力。长期的慢性压力会对你的微生物群产生影响，改变其结构和组成，降低其活性。虽然肠道微生物群可以通过本书提供的许多策略（比如改善睡眠、减少压力和增加运动）来加强，但它们也可以被吸烟、酗酒、运动不足和睡眠不足等行为破坏。

最近的研究表明，在构成肠道微生物群的数万亿健康有机体中，有一类细菌专门调节情绪，这类细菌被称为心理益生菌（psychobiome）。它们控制着肠—脑连接，与心理健康紧密相关。科学家们正在努力研究以揭示心理益生菌是如何影响我们的思维和感受的。

"很可能我们的大脑和肠道一直在沟通。"约翰·克赖恩（John Cryan）说，他是一名研究心理益生菌药物的科学研究员。克赖恩的同事杰拉尔德·克拉克（Gerald Clark）补充说："更好、更精确地理解其中的机制将是很重要的。"

尽管心理益生菌具体如何对心理健康造成影响的研究刚刚起步，但有足够的数据表明，就像大脑通路的神经可塑性受到日常行为的影响一样，整体微生物群也会受到日常行为习惯的影响。你可以通过我在本书中已经提到的多种技巧，以及我在接下来的章节中将要介绍的技巧，主动加强你的整体微生物群，以缓解你的压力，逆转你的倦怠。就像每一种技巧都可以重置你的大脑，它们也可以用来重置你的肠道微生物群，让其更加健康。

肠—脑连接除了受到日常行为习惯的影响，肠道中的微生物群对你吃的食物也很敏感。研究表明，一些食物可以直接影响微生物群。事实上，研究食物如何影响心理健康的新兴领域——营养精神病学（nutritional psychiatry），主要的研究基础就是肠道与大脑的联系。

营养精神病学可以告诉你哪种食物会减轻压力，我们将在下一章讨论这个话题，但你的日常生活经验中可能已经有了一些关于压力和食物之间相互联系的宝贵经验。

例如，你可能已经注意到，在压力下你会更倾向选择某种食物而不是其他。压力大的时候，你可能会想吃高油、高盐、高糖的食物，这种现象叫作压力性进食（stress eating）或情绪性进食（emotional eating），而且非常普遍。巧克力蛋糕、炸薯条、冰淇淋和甜甜圈——对我来说，我喜欢吃墨西哥玉米脆饼，它已经成为我在压力大时的罪恶快感。我吃的可不只是一份11片的脆饼。

我的患者都说压力大的时候，他们没有办法拒绝这些食物。电视广告向我们传递这样一种强烈的信息：一袋薯片、一罐苏打水或一个冰激凌球，就可以带来无忧无虑、轻松愉快的时光。在电视广告中，你很少看到有人用一袋嫩菠菜来传达惬意又美好的生活，对吧？

但我们在压力状态下渴望高糖、高盐、高油的食物有更深层的原因，这在电视出现前就存在了，可以追溯到我们从穴居时代起就有的蜥蜴脑。压力状态下，我们的大脑会本能地渴望这些食物，因为它们的热量最高。正如我们所知，当杏仁核即我们大脑中留存的一小部分蜥蜴脑在压力下被激活时，我们就会专注于生存。用最直白的话来说，卡路里等于生存。你的蜥蜴脑无法区分你的压力是来源于账单还是饥饿，因此它决定让你多吃东西,"强身健体"。

你渴望用食物安抚心情时,大脑是在对你的内在需求做出反应。不要谴责自己(我们大多数人会这么做),而是给予一些自我同情。问问自己狄巴克·乔布拉(Deepak Chopra)提出的问题:我真正想要的是什么?是更好的休息、对未来的笃定,还是更多的人际交流?不要吃高热量食物,而是满足自己真正的需要。

你渴望的究竟是什么

"我终于熬过去了,靠着朋友们的情感支持,"我的新患者劳伦(Lauren)停了一下,笑了笑说,"还有一大堆巧克力蛋糕。"

劳伦49岁,已经从事全职社会工作22年了。工作之外,劳伦还有固定的活动要参加,有两个想要独立的青春期的女儿要操心。她丈夫非常忙,大多数时间都在和汽车经销商应酬。在孩子们还小的时候,劳伦的父母搬到她家附近帮忙,但现在他们自己的身体也都出现了问题,劳伦还要照顾他们。

劳伦告诉我:"我的焦虑由来已久。我已经看了7年心理医生,但是压力性进食更严重了。过去两年,我胖了将近20磅!我的巧克力疗法对我造成了反噬。"

虽然劳伦一直试图放轻松,但通过她膝上紧握的双手,我可以看出她还是很紧张。

我让她描述一下她情绪性进食的模式。她说:"一开始,我只是睡前偶尔吃一点零食。但现在,我每天都要吃一块巧克力蛋糕。最糟糕的是,我总是在睡前吃,而且吃的分量越来越大。"

劳伦羞愧得红了脸,说:"我太软弱了,好像戒不掉这个习惯。"

"首先,你一点儿也不软弱,劳伦,"我向她保证,"你只是超负荷了。你的工作太繁重了,还有一群你爱的人要照顾,所以你把吃东西作为应对生活压力的一种方式。这是可以理解的。"

劳伦回复道："但是这个恶性循环没有办法立即改变，我该怎么办呢？"

"是的，"我说，"你的慢性压力不会奇迹般消失，这就是为什么我们要从'两个法则'开始。"

第一步，劳伦要开始进行日常运动，先从每天散步20分钟开始。对于劳伦来说，运动有两个目的：其一，通过我们上文讨论过的大脑机制，直接影响她的焦虑和压力水平；其二，间接影响她的前额叶皮质——大脑中负责食欲的部分。研究显示，前额叶皮质活性增强，可以帮助抑制食欲，而运动有助于增强前额叶皮质的活性。

在一项针对51名女性的研究中，平均进行20分钟、每小时约5.6千米的快走，有助于控制人们对薯片和巧克力的渴望，从而减少对这些食物的摄入。研究人员说，他们的发现"证明了适度的有氧运动既能增强（大脑的）抑制力，又能改善（个体的）饮食选择"。这项研究及其他几项研究表明，运动不仅能帮身体进行压力管理，还能有效降低人在压力状态下对食物的渴望。

劳伦的两项策略中的第二步是写饮食日志。跟踪记录自己什么时候吃了什么，可以让人有效地意识到自己吃了多少。这一方法已被证明是最有效的体重管理工具之一。随着劳伦体重的增加，她渴望更好地控制自己的饮食，特别是对巧克力蛋糕，但这对她来说很难。饮食日志可以帮她了解自己的饮食结构，这是做出改变的第一步。为了向劳伦证明饮食日志确实有效，我向她分享了一项具有里程碑意义的研究。该研究表明，写饮食日志可以使人们的减重多一倍。这项研究共有1685名参与者，那些写饮食日志的人减掉的体重是没有写的人的两倍多。写下整天吃了什么这个小举动，可能会带来重大的影响。

这些发现让劳伦备受鼓舞。她愿意记录自己的食物摄入量，鉴于这不会增加她现有的焦虑，我们把它加入到两项策略。我们还讨论了如果她觉得必须吃点夜宵的话，她可以用哪种营养更高、热量更低的食物代替巧克力蛋糕。她同意试试用苹果蘸花生酱。"我需要苹果的甜味和脆脆的口感，再加上花生酱奶油一样的口感。"她说。

为劳伦制定的两项策略基于这样一个前提：帮助她管理潜在的压力和焦虑，进而缓解她的情绪性进食，这有助于她实现自己长期的健康目标。

劳伦做好计划，当晚就迫不及待地开始实施了。四周后我通过邮件跟她再次联系时，她说虽然还是非常忙碌，但这个计划非常有效。"我真的很享受独自散步的时光，"她告诉我，"这正是我渴求的安静时光。对我来说，这几乎是一种冥想，是一天中很好的休息。我每天都去，风雨无阻，而且已经将散步时间从20分钟增加到45分钟了。我正在学习新的技巧，以减少吃巧克力蛋糕的欲望！"

我鼓励劳伦继续坚持。

两个月后她来随访的时候，她的个人压力评分从18分降到了8分。她让我看了她的饮食日志，平均每周只有两晚吃夜宵——与每周7天相比，是个巨大的进步！她的体重也慢慢掉了7磅（约3千克）。与几个月前开始缓解压力之旅之时相比，劳伦的状态好多了。

准备离开办公室时，劳伦问我还有什么可以做的。她已经积累了一定的动力，想要继续。"我已经做到了'两个法则'，对我来说很有效。"她骄傲地说，"我已经准备好进行下一步了。在饮食上我还能做点什么来保持健康？"

除了继续每天快走和写饮食日志，我建议劳伦慢慢地将地中海饮食（Mediterranean Diet）融入她的生活。我给她解释了地中海饮食的好处后，她非常感兴趣，准备将其中一些元素融入饮食习惯中。

健康饮食的黄金标准

说到压力与饮食,其关系是双向的。压力会让你更渴望某些食物,例如劳伦想吃巧克力蛋糕,我想吃墨西哥玉米脆饼;某些食物也可以反过来影响你的压力水平。我们可以通过营养精神病学的许多研究获取丰富的食物选择方面的信息。但我的患者告诉我,即使他们想吃得更健康,也很难坚持吃那些"超级食物"①。他们常常被流行食谱弄得十分沮丧。

当他们问我什么样的饮食既能降低压力又更健康时,我通常会推荐地中海饮食,跟我向劳伦推荐的一样。地中海饮食没有特别严格的食谱,而是一种普通的饮食方式。它的重点是吃新鲜的水果和蔬菜、全谷物、豆类,摄取坚果和橄榄油中的单不饱和脂肪,以及吃鱼肉、鸡肉和一些奶制品。地中海饮食不像其他食谱有严格的规定,而是将这些营养丰富、加工程度最低的食物合理搭配,组合成均衡的膳食。与标准的美国饮食相比,地中海饮食总体上要求少吃加工食品、红肉、简单碳水化合物和饱和脂肪。

数百项对不同类型饮食的类比研究表明,地中海饮食是治疗许多常见疾病和保持健康的黄金标准饮食方式。研究发现,地中海饮食可以让人保持大脑健康、延长寿命、控制体重、治疗糖尿病及预防慢性病,包

---

① "超级食物"指被认为有益健康且可防止某些疾病出现的食品。

括癌症。它也被证实可以改善心理健康状况,例如缓解焦虑和抑郁。在一项研究中,患者按照改良过的地中海饮食食谱吃了三个月后,焦虑症状明显减轻。在另一项研究中,吃富含水果、蔬菜、鱼和瘦肉的地中海饮食,减轻了抑郁表现。

既然我们谈论的是肠—脑连接,地中海饮食当然也会影响你的微生物群。在一项横跨五个欧洲国家、为期一年的研究中,遵循地中海饮食的参与者的肠道微生物群得到了改善。

地中海饮食的另一个重要部分是它注重益生元和益生菌食物。几个世纪以来,世界上许多地方都将这部分融入了自己的饮食习惯。这两种食物都能直接影响肠道微生物群,从而加强肠道与大脑的联系。益生元食物(prebiotic foods)包括全谷物、燕麦、苹果、香蕉、洋葱、洋蓟、大蒜、芦笋甚至可可,这些食物为微生物群中的肠道有益菌提供营养。益生菌食物(probiotic foods)通常是发酵食品,包括酸奶、酸菜、开菲尔[①]和康普茶[②]等,它们会给你的微生物群带来一些有益菌。

这种饮食方式通常有利于预防多种慢性疾病。而在管理压力方面,它通常也起着重要的作用。一项研究表明,增加蔬菜摄入量——正如地中海饮食所建议的——有助于提高压力知觉(perceived stress)水平。另一个对45人的研究显示,食用富含益生元的食物和发酵食物的参与

[①] 开菲尔是以牛乳、羊乳或山羊乳为原料,添加含有乳酸菌和酵母菌的开菲尔粒发酵剂,经发酵酿制而成的一种传统酒精发酵乳饮料。
[②] 康普茶是一种甜味碳酸饮料,通过将细菌和酵母加入糖和茶中,然后让混合物发酵而成。

者，压力水平降低了32%；那些更严格地遵循食谱的参与者的压力水平降低得更多。

既然地中海饮食对健康有这么多好处，你可能想知道怎样把这种饮食结构应用到自己的日常饮食中。如果你现在吃的是标准的美国饮食，并想知道如何逐步适应地中海饮食这种新的饮食结构，下面有一些简单可操作的方法：

- 在饮食中增加丰富的水果和蔬菜。每天吃五种，确保包含一些益生元蔬菜，例如蘑菇、豆荚、豆类和洋葱。
- 使用特级初榨橄榄油作为烹饪油。
- 用鱼肉和鸡肉代替红肉，多吃豆类来补充蛋白质。
- 用全麦面包代替白面包，也要吃全谷物，例如燕麦和大麦。
- 喝水而不是苏打水或果汁。
- 每周都在饮食中加入一些益生菌食物，比如酸奶或酸菜。

就像其他改变一样，改变饮食也会增加你的压力。因此，将地中海饮食融入生活中时，你也可以遵循"两个法则"：一次进行两个微小的改变，几周之后再增加两个。你会逐步地养成健康的饮食习惯。

开始使用这种新的饮食结构后，你也要改变购买食材的方式。我向感兴趣的患者推荐的也是我自己在用的一种方法：买东西时去超市的外围货架。大多数超市使用相同的陈列方式，中间通道的两侧货架上，放的是盒装的、加工过的高热量食物，而外围货架上是加工程度最低、营养丰富、接近自然状态的新鲜食物，例如农产品区、谷物区、蛋白质区和乳制品区。在超市外围货架上挑东西，你对食物的选择就可以慢慢地向地中海饮食靠拢。

技巧 9：以肠道为指导

我们大多数人从小就喜欢吃某种食物，并认为既然超市里卖，那肯定健康。但我们现在知道，超市里卖的很多食物在加工时是为了方便和延长保质期，而不是为了身体健康。有一些建议可以让你了解什么能让你的肠道快乐，也能促进大脑发育：

- 记录你每天吃的东西，尤其是当你感到有压力的时候。我们大多数人在有压力时会想吃高脂、高糖的食物。
- 下次去超市的时候先从外围走，把购物车里装满新鲜食材，然后再去看摆着加工和腌制食品的中间货架。
- 每周增加一两种地中海饮食清单中的食物。
- 如果你不饿的时候去冰箱或橱柜里拿零食，停一下，想想你为什么想吃零食。也许你是真的想从工作中休息一下，或者换个环境；也许你正在面对一些不舒服的事情，需要一点时间来自我照护；或者你可能只是单纯无聊，一杯花生酱解不了馋。

情绪性进食是我们生理特性的一部分。学会区分你的身体对无聊、沮丧、愤怒、担心和许多其他不饿的时候吃东西的情绪原因，以及身体发出的饥饿信号。你的压力会感谢你能区分两者的不同。

自我第一次见劳伦三个月后,她给我发了一封邮件,标题是:"好消息!"通过实践这三个技巧,她已经减了11磅(约5千克)了。通过每天快走20分钟、写饮食日志和参考地中海饮食,劳伦在减压、减肥和增强肠—脑连接之路上取得了重大进展。除了体重秤上的数字,劳伦还为自己在短短三个多月的时间掌握两项策略及一些简单的技巧而感到非常有成就感。这种自信也延续到了她生活中的其他领域,她的同事和家人都注意到了这一点。

"所有人都在问我干了什么?不仅仅是我的外表,更重要的是我给人的感觉。"劳伦说,"我之前觉得一切都不受控制,但这些小小的改变让我重新找到了对生活的控制感。"

通过实施两项策略,劳伦找到了一种方式,在外部环境不变的情况下减少她疯涨的压力。她家里和工作中的挑战一点也没变,但她能够更好地应对这些压力了。劳伦的成功归功于她追求进步,而不是追求完美。

劳伦需要一些东西来帮助她自我安慰,应对难以消解的情绪。食物是生活中的一大乐趣,理应好好享受,制定一个不吃巧克力蛋糕的原则是不切实际的。通过运动计划、写饮食日志和逐步改变饮食结构,劳伦温柔而富有同情心地处理了自己的情绪,从而调整了压力。劳伦已经学会了让大脑和身体同步。

雷娜和劳伦的成功故事在你看来可能是一夜之间发生的,但实际上,她们两个在前进的道路上都付出了许多细小、缓慢而渐进的努力

（也伴随着很多错误的尝试）。将你的大脑和身体同步来加强身心连接，是需要练习的。但掌握了本书重置方法中的技巧，知道如何通过"静止—呼吸—保持"来感受存在，使用本书展示的呼吸技巧来调整应激反应，每天稍微动动身体来摆脱大脑生活，以及让你的肠道来主导，你也很快就能书写自己的成功故事了。你只是需要一点儿练习。

THE
5 Resets

第六章

———

第四次重置：喘口气

"我什么都做不好。不管我再怎么努力，我的工作效率还是降到了历史最低！"霍莉（Holly）一边解释一边激动地比画着，"我比以往任何时候都努力，就只是为了保持住现状。每天晚上结束的时候我都筋疲力尽，就像是喘不了气了。"

考虑到职业倦怠的人比例很高，我知道霍莉并不是唯一一个觉得她付出了一切但还是原地踏步的人。

"我进入科技领域17年了，"她说，"我曾经是那个无所不能的人。但随着人工智能的兴起，行业瞬息万变，我非常担忧。如果我在工作中落后，我的位置很可能被一个AI程序取代。"

霍莉非常成功，毕业于麻省理工学院，进入科技行业后取得了很多辉煌的成果。但最近，她陷入了一种高压低效的模式。我向霍莉保证，她正在经历的压力和倦怠不是个例，而是常态。"你的担忧是正常的。这是新常态，旧规则已不再适用。"我说，"但是AI无法提供你每天提供的不可替代的人性化服务。"

"我知道，"霍莉叹了口气，"公司上下很欣赏我和我的专业技术,只是我感觉没有足够的时间跟上所有快速的变化。"

"没有人能在不休息的情况下匀速完成比赛。"我表示理解,"即便是马拉松比赛,也有终点线,但我们的工作和家庭却没有。因此,我们需要创造一些机会来喘口气。"

过去的几年里,霍莉一直处于筋疲力尽的状态。她知道自己正经历着职业倦怠,但她对自己的要求却和发生倦怠之前一样,都是高标准的工作效率。

像我的许多患者一样,霍莉自幼就被教导要将他人的需求放在自己的需求前面,因此,观察她的"金丝雀"症状要换一个角度。也许你也有和霍莉类似的经历。如果是的,你可能也会想:"我已经尽了全力,但还是无济于事,我怎样才能从倦怠中恢复呢?"

在第四次重置中,你将学习如何在不牺牲工作效率的情况下让大脑喘口气。实际上,这次重置教授的技巧可以帮你提高效率,即使你正处于高压和职业倦怠的状态中。通过本章提供的三个技巧,你可以达成以下三个效果:事半功倍,创建一个健康的界限来保持精力和注意力,更加游刃有余地在工作和家庭间转换角色。

不管你现在压力多大、境况如何,第四次重置都会帮你找到精神空间,这样你的大脑可以渐渐恢复最佳功能。正如科学所示,大脑在没有超负荷运转的情况下效率最优,这也是为什么遵循"两个法则"有如此高的成功率。因此,在学习第四次重置时,将"两个法则"谨记于心。

第四次重置包括金发姑娘原则（Goldilocks Principle）[①]、单一任务处理（或避免多任务处理），以及模拟通勤。

[①] 金发姑娘原则源自童话《金发姑娘和三只熊》的故事。迷路的金发姑娘无意中走进三只熊的房子，逐个尝试过三只熊的食物和床后，她选择了自己喜欢的食物和适合自己的床，因为那是最适合她的，不大不小刚刚好。

金发姑娘原则

即便遇到愤怒的熊，金发姑娘也能找到"刚刚好"的方式来照护自己。那么，我们怎样才能像金发姑娘一样积极地管理自己的压力水平呢？

如果你最近觉得压力大且倦怠，你的工作效率就很有可能会受到影响。你在生活中的方方面面都没有发挥出最佳状态；你勉强维持着，但事业没有蒸蒸日上的迹象；因为自责，你可能会更努力、更快速地工作，以达到以前的效率，但这只会拖慢你的速度，让效率更低。霍莉生活在"复原力神话"中，因此，针对她的两项策略，我的第一个建议是减少工作量，好好休息。她的眼睛眯了起来，显然对我的建议嗤之以鼻，减少工作从来不在她的字典中。但鉴于压力越来越大，她别无选择。"显然，我目前的做法行不通。"她说。

霍莉决定尝试一种新的工作方式。我向她保证，第一个处方——短期内减少工作量，从长远来看会给她带来更多好处。

"也许你认为压力对大脑和身体的影响是线性的。"我一边解释，一边在纸上画了一条向上倾斜的曲线，"你压力越大，状态越差，是吗？"

霍莉点点头说："听起来是这样。"

"但实际上研究已证实，我们的应激反应更像是一个钟形曲线，"我说，"生活中压力过小，你就处在左边的曲线上。这会让你觉得无聊，没有动力，效率低下。但当压力太大的时候，你就处在右边的曲线上，感到焦虑，精疲力竭，毫无成效。"我继续说，"只有曲线正中间，是你承受压力的最佳位置——不多不少刚刚好。这是正常的压力水平，你既动力十足又不疲于应付，既全力以赴又不被消耗殆尽。在这个最佳压力点，你的大脑和身体功能也会达到最佳。这叫作你身体对压力的适应性反应。"

我给霍莉讲的，正是压力的金发姑娘原则。

我可以这样假设：像霍莉一样，你也正处于右边的曲线，压力太大，筋疲力尽。我的工作是帮你逐步从承受太多压力的右边曲线移到中间，也就是曲线的顶端，接近最佳健康压力值的地方。

缓解压力的最佳方法当然是放慢速度，减少工作。但面对苛刻的老板和逼近的截止日期，这又是最不切实际的方法。

你可能认为金发姑娘原则理论上很完美，但在生活中不实用。你没办法放慢速度，减少工作，要不事情变得一团糟，要不你被开除。

我理解。在故事中，金发姑娘闯进了熊的家，而不是面对现实生活。她不用坚持很久，只是短暂地假装过另一种生活。

而你还需要履行现实生活中的义务，例如：工作，付每月的房贷或房租，以及维系人际关系。你不能奢望压力水平达到"最佳点"和"刚刚好"。

虽然我们都想放下一切去巴厘岛的海滩度假，但我想给你提供一个在现实中应用金发姑娘原则的方法：珍惜休息时间。

"相较一个接一个地参加会议，我希望你在两个会议之间休息一下。"我对霍莉建议道。

因为霍莉喜欢数据，我分享了一项由微软公司进行的研究。该研究就连续开会的人和短暂休息的人的大脑扫描结果进行了对比。结果显示，短暂休息的人压力水平显著较低。短暂的、频繁的10分钟休息，可以减少工作压力对大脑的累积影响，这让霍莉开始更加珍惜她的休息时间。

你如果像霍莉一样，那么在会议和各任务衔接间隙很可能会无意识地浏览社交媒体或快速浏览电子邮件收件箱。但作为第四次重置的一部分，你可以利用休息时间有意识地处理压力：在桌边做一些简单的拉伸，站起来快走五分钟，或者练习一下你在第五章学习到的呼吸技巧。试着养成新习惯，在休息时保持专注，关注当下，这样你就能逐步将压力水平从右边的曲线移动到顶点——接近最佳压力点的地方。

这就像前文提到的茶壶的比喻，想办法释放治疗性"蒸汽"。

珍惜你的休息时间，而不是将时间无意识地用在可能增加压力的事情上。这样，你就可以在理论和实践中实现让压力"刚刚好"的金发姑娘原则。

霍莉明确了自己所处的压力线的位置，与她最终要达到的理想位置进行了比较，并开始通过珍惜自己的休息时间，将金发姑娘原则付诸实践。在科技行业工作，意味着她每天大部分时间都要在电脑前工作，要不就是开会。在会议间隙，霍莉抛下所有的电子设备，包括手机。她会站起来拉伸一下，再做几个深呼吸。她每天都快走，让自己保持更好的精神状态。如果不能去户外走，霍莉就会花10分钟爬几趟楼梯。她的同事们还以为她在赶去参加另一个会议。

"养成一个新习惯至少需要八周时间,"我提醒霍莉,"因此,想办法把这些新习惯变成自然而然的事。"

为了帮助自己的大脑建立一个新习惯,霍莉在长时间的会议后安排了三至五分钟的休息时间,并将这个原则贯穿到一整天中。因为这些是很短的碎片时间,她的同事和助手都没有注意。她坚持了两个月,通过时间和耐心,她的压力水平逐渐降到了一个更低、更健康的状态。两个月后,她重新进行了个人压力评分并与她第一次来见我的评分进行了对比,她的得分降低了10分。她说,她已经在日常生活中感受到了变化。尽管工作节奏依然很快,霍莉仍然通过珍惜休息时间找到了最佳压力点,学会了如何在快节奏的工作中喘口气。

技巧10:遵循金发姑娘原则,寻找"刚刚好"的压力

在日常安排中可以找一些自然的休息时间:从一个任务切换到下一个任务的中转间隙,结束会议时,两节课之间的休息时间,完成一个长周期的项目后,等等。休息时不要玩手机或立即开始做下一件事,用三至五分钟重置你的大脑。

在短暂的休息时间,要通过身体活动将你的大脑和身体连接起来,站起来做一些伸展运动,看着窗外做一些深呼吸,在走廊里走一走或者爬爬楼梯。感受当下你身体的感觉,而不是思考任务清单上的下一件事。

1. 在一天中加入五至六次短暂的休息，每次三至五分钟。

2. 每天对此进行练习，保持三个月，然后观察你的效率是否提高，以及你的压力是否减少。

金发姑娘原则有助于揭穿我们忙碌文化中一个常见的关于效率的"神话"，即更快、更努力、更长时间地工作是提高效率的唯一方法。这是一个违背科学的谬误，事实远非如此。如果给大脑减压的时间，你的大脑会工作得更好、更有效率，尤其是在处理新任务的时候。珍惜休息时间不仅可以在短期内减轻你的压力，还可以提高你的长期效率。

休息可以让你的大脑功能更加健全。从正在进行的工作中暂时抽身离开时，你是在"巩固"（consolidation）大脑及其神经通路，这是一个非常重要的步骤。

这里的"巩固"是指将那些漂浮在大脑中的新学到的知识和信息固定下来，形成路径和通道，供以后使用。一项研究对27名健康成年人进行了脑部扫描，发现即使是10秒钟的短暂休息，大脑也能进行"巩固"，提高学习效果。研究人员对这些扫描图进行比较后发现，大脑在休息时比在学习时变化更大。

这促使研究人员对学习发生的时间进行了进一步研究——学习是在练习时发生的，还是在休息时？"所有人都认为，学习新东西时要'练习，练习，再练习'。"该研究的第一作者莱昂纳多·G.科恩（Leonardo G. Cohen）说，"与此相反，我们发现早休息和经常休息对学习的重要性，与练习对学习的重要性是一样的。"

我和霍莉分享这一研究发现时,她笑了。"上周我就遇到过这种事!"她惊呼,"一天晚上,我在电脑前坐了好几个小时,想要解决工作上的一个技术问题。但我实在找不出哪里有问题,于是就放弃了,准备收拾睡觉。但我洗澡的时候,突然明白了问题出在哪儿,而且第二天早上很顺利就解决了!"

"你给了你的大脑喘气的空间,就有了突破。"我肯定道。

像霍莉一样,通过一些短暂的、有意的休息,你可能会取得更大的突破。只需要10秒钟的时间,你的大脑就能获益匪浅。

多任务处理是个"神话"

霍莉的两项策略的第二项是减少多重任务。她以往自诩为"优秀的多任务处理者"且引以为傲。"擅长一心多用让我升迁很快,"霍莉说,"我曾经能同时做四件事。但现在我的精力减退了,每件事花费的时间是之前的两倍,犯的错也比之前多。我也许需要放慢速度。"

霍莉的体验符合统计数据的结果。82%的美国雇员说他们每天都在处理多任务,比世界上其他任何国家都高。一项调查显示,上班族平均每31分钟就会分心一次。你如果在服务行业工作,要同时处理11项任务;如果上早班,这个数字会翻倍。如果下次咖啡师把你早上点的咖啡搞错了,请多一些理解,他们只是精神负担太重了。

像霍莉一样,在职业生涯中,你很可能也渴望能够一心多用,或者你已经因为多任务处理能力而受到称赞了。我们不都是这样吗?但从科学角度来看,多任务处理是不恰当的表述,是我们忙碌文化延展出的另一个长期存在的错误观点。进行多任务处理时,你的大脑正在进行的实际上是任务转换——快速地从一个任务跳到另一个。人类的大脑一次只能执行一个任务。研究显示,只有2.5%的人类大脑具有多任务处理这一特殊技能,可谓屈指可数。我们大多数人不擅长处理多任务,即便一些人自认为是优秀的多任务处理者。

而任务切换会对大脑的认知、记忆和注意力产生负面影响。研究表明,一心多用会使你的工作效率降低40%,因为它会削弱前额叶皮质的功能，而这是你大脑中负责执行高级认知功能的区域。任务切换还会降低你解决复杂问题的能力，但我们的世界充满了需要解决的复杂问题，我们承担不起一心多用的代价！

对霍莉来说，这意味着视角的改变：学会处理单一任务。处理单一任务可以保护你的大脑免受压力和倦怠的侵袭，但你可能认为"我的大脑就是这样工作的。我总是同时处理三到四件事"。你可能会质疑：如果不再处理多任务，我们还能高效率地处理好预期的工作和家庭中的任务吗？

在现实中，有效地处理单一任务的策略是创建时间块（time blocks）。

针对经常同时干几件事的霍莉，我用番茄时间管理法（Pomodoro Technique）设计了下面的时间安排。这种方法是在20世纪80年代后期为时间管理而开发的，对我们这些感到心烦意乱、疲惫不堪、愁肠百结，因为压力过大而拖延或者需要同时处理多项任务的人来说，它非常有效。在进行某项任务时，用计时器定25分钟的时间（pomodoro，意大利语"番茄"的意思，这个管理法的发明者之所以选择这个名字，是因为他在学生时代用过一个番茄形状的厨房计时器）。定好时间，在计时器响起时停下来，休息5分钟；然后进行第二项任务，再定时25分钟；重复此过程。连续进行4个番茄工作时间后，休息30分钟。

霍莉的时间块是这样安排的：

- 任务1：25分钟的工作时间，5分钟的休息时间。

- 任务2：25分钟的工作时间，5分钟的休息时间。
- 任务3：25分钟的工作时间，5分钟的休息时间。
- 任务4：25分钟的工作时间，5分钟的休息时间。
- 然后是30~40分钟的休息时间，之后重复上述过程。

霍莉同意按照这个时间安排，用时间块代替原本多任务处理的模式。一天的工作结束后，霍莉在注意力没有被分散的情况下完成了所有工作。她可以给每个项目分配特定的时间，并全身心投入；她让自己的大脑处理单一任务，这强化了她前额叶皮质的功能，有助于她解决工作中遇到的很多复杂的技术难题。她已经尽可能地不看手机及其他分散注意力的东西（例如弹窗广告）了。这样，时间块和她正在建立的新时间表让她从多任务处理"神话"中缓过神来，得以喘口气。

技巧11：学习进行单一任务处理，享受神奇魔力

1. 决定今天最重要的任务。

2. 选择一个你相信能够全神贯注、不分心的时间段。一开始可能只有10~15分钟，通过练习，你可能可以将其扩展到20~30分钟。注意你的极限，量力而行，否则可能会减缓你的疲劳恢复速度。

3. 从你的任务清单中选择一个任务，设置一个闹钟，在设好的时间段内只做选中的这个任务。在闹铃响起之前，只处理这一个任务。

4. 短暂地休息一会儿，做一些运动：拉伸，深呼吸，在走廊里走走，也可以喝点水。

5. 再从清单中选一个任务，重新设一个闹钟，在闹铃响起之前只做这个任务。

6. 在一天的工作中重复上述过程。

7. 每天都要祝贺自己通过处理单一任务，让自己的注意力更加集中。

久而久之，霍莉的职业倦怠状态日益改善，她也注意到在处理感兴趣的工作时更容易进入心流状态。正如在第三章提到的，心流状态是一种心境，指人完全沉浸在一项活动中，忘记了时间。心流状态对心理健康也有很多好处，包括防止职业倦怠。"心流还有助于很多慢性病的恢复，从职业倦怠到抑郁，它还能增强复原力。"认知科学家理查德·哈斯基（Richard Huskey）说。

你如果曾沉浸于一项工作，而且觉得工作期间时间飞逝，明明过了好几个小时，但觉得才过了几分钟，那么很可能进入了心流状态。进入心流状态有多种途径，比较普遍的有写作、玩乐器、艺术创作、体育运动、跳舞、做手工及解谜。

你准备从倦怠中走出来喘口气时，给自己一些时间。先珍惜自己的休息时间，放下自己多任务处理的习惯，改用时间块处理单一任务。经过一段时间，你可能会发现处理工作时精力满满又很有成就感，并能够进入心流状态。霍莉用了三个多月达到了该效果。

和对霍莉的建议一样，我也不建议你急于求成。在第四次重置时，你要做的第一步是在开始追求心流体验前，确保大脑有足够的休息和复原时间。养成单一任务处理习惯并不是在你不断增加的任务清单上再加一件事。职业倦怠的恢复之路是缓慢而刻意的，给自己足够的时间、耐心和同情，才能达到这一目的。

对霍莉来说，随着时间的流逝，她越来越擅长单一任务处理了。现在，她已经可以按照45分钟工作、10分钟休息的时间块来安排自己的工作了。你的情况可能和霍莉大不相同。如果你的职业倦怠程度更高，在全身心工作时要面对更多分散注意力的事情，你可能需要建立一个不受打扰的时间块。慢慢开始，先建立10分钟不受打扰的时间块。设置一个闹钟，将手机放得远远的，关闭通知和弹窗，全身心投入工作。10分钟到了之后，再查看手机上是否有错过的消息。逐周增加5分钟，直到你可以不受干扰地连续工作25~30分钟。

我自己在医学院学习时就用过该策略，并且沿用至今。我的时间块现在是50分钟，因为我一直在慢慢锻炼，延长自己集中注意力的时间。但一开始，我也是从番茄时间管理法建议的25分钟开始的。事实上，我写本书时也利用了这个时间块技巧。

我还是医学生时，尚不知道有单一任务处理模式，也不知道它给大脑带来的好处。但我需要一个技巧来集中注意力以记住每周学习的大量内容。偶然间，我发现了时间块法，经过反复尝试发现它对我很有效，因此从那时起就一直坚持使用它。有压力的时候，要完成某项需花费几个小时的任务，会让人心生畏惧。你会觉得自己没有办法熬过好几个小时，但如果是20~25分钟，还是可以接受的。

将时间切割成可控的时间块，分解手头的任务，会让任务看起来更具操作性。每完成一个时间块，你都会有一种成就感，并可以喘口气。闹钟一响，我就如释重负。此时我会离开医学院的图书馆，到外面走一走，活动活动双腿。一开始进行时间块训练时，我期待的是设计好的休息时间，因为这让我克服了学习大量材料的心理障碍。但现在我已经养成了习惯，没有办法按其他方式工作了。

多年来，我在每个任务中几乎都使用了时间块法，有时是20分钟，有时是45分钟，但从来没超过50分钟。因为从心理上看，我每小时需要5~10分钟的休息来重置大脑。

掌握单一任务处理技能，耗费了我十几年时间。我们每个人都有建立了几十年的忙碌文化壁垒需要拆除，这不是一个小时、一天或几周就能完成的。我们都在不知不觉中被"复原力神话"蒙蔽了双眼。一旦适应了用时间块规划工作，我们的大脑会开心地接受这一新的工作模式。现在，我标榜自己为"单一任务处理者"，就像当初我自诩为"优秀多任务处理者"一样骄傲！

几个月后，霍莉和我一样也加入了"单一任务处理者"的行列，她为自己感到自豪。通过对工作模式进行简单甚至可能是反直觉的调整，她的工作效率显著提高。

你的大脑喜欢分区

运用时间块进行单一任务处理,是对抗压力和职业倦怠的有效策略之一,因为单一任务处理满足了你的大脑的分区需求。

正是新冠病毒大流行,我们意识到大脑对分区的需求。我们大多数人不得不一直在同一个地方日复一日地工作、养育孩子及生活。人类是多维的生物,扮演着多种角色——员工、父母、爱人、朋友及兄弟姐妹。当你一反常态地被迫在同一个物理空间中扮演所有这些角色时,这对你的压力水平和心理健康状态来说不是好兆头,真的是"压力山大"!我们很多人每天都备感煎熬,就像热锅上的蚂蚁。我们没有地方释放压力,因为被困在有限的空间内。

你可以为自己的多种身份设立明确的物理边界时,就可以在各个角色之间游刃有余。你可以根据不同的情境发挥不同的技巧和个性,并将每个角色做到极致。但当你被迫和他人共处同一个小屋檐下,并被要求在每个角色上都发挥出最大能力时,你就无法很好地发挥任何一个角色的潜能了。就像大脑更倾向处理单一任务而不是多任务一样,你没有被迫同时扮演多个角色时,才是最充实、最富有成效、最现实的自己。

吉赛尔(Giselle)要同时扮演学步期孩子的母亲和医学作家两个角色。她的公司提供了一种混合的工作模式:在家办公和到办公室办公。鉴于丈夫的工作时间很长,吉赛尔负责每天往返幼儿园接送孩子,而她的通勤时间大约为一个小时。吉赛尔感到压力越来越大,迫不得已来见我。她解释说："我讨厌这么长的通勤时间，因此我想在家办公可能是个不错的选择。但我在家工作时一点儿效率也没有，无法按期完成工作，名誉也因此受损。我之前一直以按时交稿著称，但最近我一次又一次地要求延期。"有两项策略适合吉赛尔：第一项是珍惜休息时间，将金发姑娘原则融入日常工作；第二项则是模拟通勤。

模拟通勤

吉赛尔认定了她之前的长时间通勤没有任何意义，但它起到了两个关键作用。通勤不只是身体移动到办公室，也让她在精神上移动到了办公室，大脑准备好进入工作模式。放弃通勤后，她从家庭模式过渡到通勤模式的能力也逐渐消失了。现在，餐桌旁的她要在几分钟内快速地从繁忙的母亲和妻子角色转换成医学作家的角色。吉赛尔的大脑需要从妻子—母亲—家庭主妇转换成公司员工的通勤时间。

在家办公有很多好处，因此我在这里不建议大家全都回归办公室。研究表明，通勤时间的长短与工作满意度息息相关。通勤时间越短，工作满意度越高。混合工作模式提高了员工的自主权和效率，降低了压力，减轻了职业倦怠。在一次盖洛普世界民意调查中，有将近60%的调查对象称混合工作模式减轻了他们的职业倦怠情况。鉴于混合工作模式有这么多益处，相较传统的通勤模式，近85%的员工更喜欢混合工作模式，也就不足为奇了。混合工作模式正在成为未来工作的趋势，同时也是人们恢复工作与生活平衡的一种新方式。

那么，是否有可能既获得在家工作的实际便利，又保持通勤带来的心理益处呢？当然有，你可以模拟通勤。

每天早上，在吉赛尔的丈夫为儿子们上学做准备时，吉赛尔也穿好衣服准备上班，就像真的要前往办公室一样。她在餐桌上建立了一个工作台，放着笔记本电脑、水杯及写着优先级事项清单的笔记本。她给孩子准备好午饭，把他们送到幼儿园，然后她没有急匆匆地赶回家，开启心烦意乱、紧张忙乱的一天；相反，她开始模拟通勤。她拐进一家咖啡店，买一杯咖啡带走。她一边喝着咖啡，一边走过街道，同时规划她的一天。走到附近的公园时，她会在长椅上坐几分钟，快速查看手机日历：这一天安排了哪些会议？要先开始哪个项目？有哪些项目需要调整？哪些任务今天可以提交？

吉赛尔的模拟通勤大概耗费15分钟。在这15分钟内，她得以从家庭模式转换为工作模式。因此，她感觉更加平静和有条不紊，准备好了开启一天的工作。她走进家庭办公室——目前是她的餐桌，坐下来开始工作。

两个月后，吉赛尔来我办公室时非常兴奋。她告诉我："每天早上我都模拟通勤，工作效率非常高。过去的两个月里，我文思泉涌。我像我们讨论的那样，确保自己有足够的休息，并做一些小事情来管理自己的压力。在大多数情况下，我都保持在正轨上，这些变化让我感觉非常棒。它们起作用了！"

通过模拟通勤以及大脑分区化，吉赛尔重新热情满满地投入自己的工作中。她的大脑得到了需要的呼吸，她终于感觉到自己可以喘上气了。

技巧12：模拟通勤

如果你在家办公，每天早晨和晚上，在工作和私人生活之间创造一点缓冲，给自己一些时间来重置大脑，可以缓解压力。

定好工作时间。安排好早晨的时间,起床、穿衣服并准备出门,假装你大概有10~15分钟的通勤时间。

利用这10~15分钟的时间将家庭生活抛开,让大脑转换到工作模式。你可以在小区里散散步,到附近买一杯咖啡,或者浏览每日任务和预约来计划一天的日程。

回到家后直接走到工作区,就像你已经真的进了办公室。你现在准备好要开始一天的工作了。

在工作时间结束后,反转你的模拟通勤,将工作抛开,散散步,做做杂事,转回家庭模式。

仪式感的重要性

吉赛尔的模拟通勤进行得很顺利,因为她赋予了在家工作一种仪式感。这里说的"仪式"与宗教毫不相关,只是指她通过习惯心理学形成的一种模式,按照一定程序重复做的事情。

在你没有更多物理空间的时候,仪式是一种催化剂,给你创造一些精神空间,让你的大脑做好准备。当你被迫在一个空间内扮演多个角色时,一个简单的仪式就可以让你的大脑意识到做完这些事情之后,就要转换到另一个角色了。

仪式对我们的大脑来说是强有力的改变媒介。精神病学家妮哈·乔达里(Neha Chaudhary)说,仪式可以帮助我们调节情绪。她将仪式视为"帮助我们记住自己是谁,以及教我们如何驾驭生活的锚"。运动心理学家卡罗琳·希尔比(Caroline Silby)补充道:"仪式创造了一条连接大脑和身体的通路,并让你在充满未知的日子里更有掌控感……更有能力做出应对和有效选择。"

模拟通勤是我们转换角色的有效仪式,但是你也可以选择其他仪式。仪式的目的是在开启一天的工作前,让你从家庭模式切换到工作模式。采用什么样的仪式不重要,重要的是你赋予的仪式的意义和目的。可以进行的仪式包括点一个蜡烛,打开一盏特殊的台灯,在工作时间用特定的咖啡杯,将手机放到至少离你的办公桌三米远的特定地方,用工作专用笔和本子,或者在每个工作电话间隙做一套特定的拉伸。"静止—呼吸—保持"技巧是工作日仪式的一个很好的选择。不管你选择做多小的事情，尽量赋予它更多的意义，让它向你的大脑释放一个信号：你已经处于工作模式了。你也可以将仪式放在一些自然节点——午餐时间、咖啡时间或者睡前。

"书立"法

不管选择什么仪式，目的都是为你的工作日设定一个"书立"，也就是说，为你的工作日设定一个明确的开始和结束。早晨和晚上你可以采用相同的仪式，也可以选择不同的仪式，但尽量每天都保持一致，这样可以让你的大脑习惯从家庭模式切换到工作模式，反之亦然。随着时间的推移，这样做可以训练你的大脑更轻松地从一个角色转换到另一个角色，释放精神带宽，让你全身心地投入当前所处的任何一个角色中。

执行金发姑娘原则并在早晨模拟通勤两个月后，我对吉赛尔进行随访时又增加了一次晚上模拟通勤来正式结束她的一天。这次的方法是：不要工作到最后一秒再去接孩子，相反，给自己留出15分钟的时间来整理工作。她可以关上笔记本电脑，将它放进电脑包里，把咖啡杯洗干净，然后出门开始晚上的模拟通勤。她可以回顾一下今天哪些工作进展顺利，哪些需要改进，以及第二天需要优先处理哪些事情。走路的时候，她可能会开始想儿子胖乎乎的脸颊和他晚餐喜欢吃什么；她也可能考虑是这周末去看妹妹，还是等到月底再去。接到儿子的时候，她很开心。她喘了口气，已经完全脱离了工作模式，回到了家庭模式。

模拟通勤或者"书立"法对于我的一些患者或者对你不一定适用，因为有些人的办公地点既不在家，也不在办公室。24岁的亨利（Henry）就是如此。亨利是个快递员，他的办公场所不是办公室也不是家里，而是公司的卡车里。他的工作压力很大，要按照地址满城奔波送各种包裹。

亨利在大学第一年就辍学了，因为他母亲得病，他要照顾母亲。他和高中时的女朋友结了婚，有了一个儿子。儿子如今五岁了，这让亨利非常骄傲和开心。

亨利说："我从来没想过要放弃父亲和丈夫的责任，但我现在必须马上重新找份工作，不管什么工作。现在我整天跑来跑去，担忧着我的未来。我怎么才能买一辆体面的车，或者什么时候才能买一栋房子，以及如何才能给我的妻子和孩子更好的生活？我的脑子一刻也停不下来。"

"你的工作怎么样？"我问。

亨利将头低向一边说："就目前来说，现实是我一直没什么进展。我每天都按时上班，但我总想，就要这么一直干下去吗？"

我可以看出亨利对目前的工作非常不满。目前的工作对他来说就像一条死胡同，给他带来了无尽的压力。针对亨利，我首先建议他使用如下技巧重置大脑，不管从事什么工作。

技巧13：激活你的黏脚

人的每只脚都有近30块骨头，以及100多块肌肉、肌腱和韧带。在身体这么小一块区域里，却有着大大的能量，它可以在混乱时期成为一股接地的力量，稳定我们的身心。但这一作用常常被我们忽视。

所谓的黏脚技巧是我在瑜伽课上学到的。瑜伽老师让我们张开脚趾，想象它们之间是有蹼连接的，这样做动作时更稳定。我一直很喜欢这个比喻，虽然开始不是特别理解这是什么意思，但上课时，我确实在垫子上站得更稳了。之后不久，即使不做瑜伽，我也开始使用这一技巧。你也可以练习黏脚技术，动作要点是将注意力放在脚上，站直，脚趾尽量张开，假想它们之间有带黏性的脚蹼。感受双脚坚固地踩在地面上，感受它们与地面之间的连接，感受双脚对你的支持，并深入感受这种支持。

你在等电梯或者在加油站里加油的时候，只要有时间站几分钟，就可以想象自己的脚黏在地面上。

因此，在工作的时候，只要站着就可以练习黏脚技巧。在家中水槽边洗碗或者在浴室里刷牙时，就站着练习黏脚技巧。还是一样的诀窍：无论你身在何处，都要保持身心同步。

这是正念的一个主要原则，从理论上很难理解，但在实践中更容易体验。亨利的工作是开车从一个地方到另一地方送包裹，这给了他很多机会来练习黏脚技巧，保持身心同步——即使他一整天都在移动。他可以温和并富有同情心地对自己说"身心同步，关注当下"，这促使他脚踏实地，关注手边的工作。

黏脚练习可以有效地帮你进行身心连接，因为它用脚而不是用呼吸建立与地面的稳定连接。先站稳脚跟，无论是静止不动还是正念练习，都能帮助你专注于当下，在此时、此地全身心地感受身心连接。

当你把注意力放在脚所在的地方时，焦虑情绪会最小化。记住，焦虑是一种关注未来的情绪，就像亨利的焦虑并不源于他目前的快递工作，而是源于对未来的思考。"如果……，该怎么办？"是你在焦虑时问自己最多的问题。对亨利来说，他的心理对话是这样的："如果我一直做这份工作，该怎么办？如果我找不到更好的工作，该怎么办？如果我入不敷出，该怎么办？如果我不能成为我一直想要成为的家庭支柱，该怎么办？"我要帮亨利减少他的"如果"假设，让他的大脑喘口气。

你感到焦虑和有压力时，"如果……，该怎么办"的想法通常不会停止，只会越来越多。这一假设心态受你的杏仁核驱动，它同时也驱动着你对非适应压力的反应。焦虑和压力息息相关，因为它们有共同的火车司机——杏仁核，它最擅长的就是让你对未来的担忧呈螺旋式上升。

就亨利的情况来看，我想让他专注当下，无论他的脚站在哪里。我告诉他："当你送一个包裹的时候，保持身心同步。当你开始送下一个包裹时，继续保持身心同步。你试着让身体状态和心理状态同步，尽量减少假设心态。关注你开车经过的街区，开车的时候看看树木、建筑及蜿蜒的道路；专注你的脚所在的地方。"

"好吧，但我不知道这对我的焦虑有什么帮助。"亨利说着耸了耸肩。

"别放弃。你正在让你的生理状态从假设模式中解放出来，进入现实。一旦大脑放松下来，你就能更有创造力地想出解决问题的办法。"

"如果我还是一直担心，该怎么办？"亨利问，然后笑了，因为这又是一个"如果"问题。

"担忧很正常。"我说，"使用了该技巧，久而久之，你的担忧就不会那么强烈了。在压力不那么大后，你的思维会更清晰。你甚至可以考虑在货车上放一个担忧笔记本，开车前写一写自己担忧的事情，然后在开车的时候就不要再想这些事情了。"

亨利的第二项策略也是腹式呼吸，帮助他在整天忙碌中也能感受当下。

一个月后，亨利给我发了一封邮件，告诉我这些技巧对他的压力和焦虑很有帮助。他想再练习一个月，然后再来办公室见我。

一个月后我再次见到亨利时，他笑着走进来坐下。"让我告诉你，你的建议实施得如何。"他说，"我白天派送包裹的时候开始关注当下，开车的时候进行腹式呼吸。我把包裹送货上门，而不再是扔到走廊。如果我碰巧遇到了客户，我会打个招呼，交谈一两分钟。我注意到了之前从来没有注意过的事情，比如看起来很酷的树和长得很搞笑的狗。即使其他司机没想对我笑，我也会对他们微笑，而且他们大部分人都会微笑回应。甚至结束了工作后，我的妻子和儿子都会问：'你遇到什么好事了？'因为我比以前要开心。"

我的眼睛湿润了。作为医生，没有比看到患者重新获得力量，排解了压力，更加健康，能更让我高兴的了。

然后亨利跳了起来，说："但医生，真正的奇迹是这个。我几乎每天都给一家运动服装公司送货。有一天，一个像是老板的人走到前台问我：'我的员工对和你的交流总是赞赏有加。我不知道你有什么打算，但我想，你也许可以来我公司和我聊聊，看看有没有合适的职位。'"

我等了一会儿，最终问道："快说吧！你去了吗？"

"是的，医生！我周一会开始担任初级资源经理，而且我赚的钱是我送快递时的两倍！"

我也跳了起来，和亨利在空中击了下掌。

亨利说："关注当下解决了我的很多担忧。"

当然，即使你关注当下，也不能保证会找到新的工作或解决所有问题，但你的大脑会感谢你。关注当下也有利于你改善与家庭和朋友的关系。你在家或者在外面与朋友在一起时，将你的注意力也放在那儿。尽可能把你的工作留在上班时间，感受与家人和朋友的紧密连接。这对你的心脏健康也很有好处。

你的生活充满了需求与责任，每分每秒都在把你拉向不同的方向。你的大脑让这一切皆有可能，但它需要休息和复原才能发挥最佳功能——它需要喘口气。第四次重置——用金发姑娘原则珍惜你的休息时间，学会单一任务处理，模拟通勤，练习黏脚技巧，以及感受当下——能帮助你的大脑让你和依赖你的人做到最好。

THE
5 Resets

第七章

第五次重置：展现最好的自己

我们每个人受到的压力各不相同，这主要是因为所处的环境不同，所以你的"金丝雀"症状和其他人的可能大不相同。但是，我们的缓解压力之旅也存在着一个共同的问题，即在感受到压力时，自责会凸显。

自责也称为消极自我对话（negative self-talk），是人的内心独白，它受人的成长环境、性格、人生经历和社会环境影响。如果一直在自责中成长，你可能根本意识不到它的存在。在没什么压力时，自责可能只是低声细语，但不健康压力袭来时，自责声大得就像使用了扩音器。当你把事情搞砸时，它会在脑海中叫你的全名，让你不敢尝试新的或者困难的事情；在事情没有朝着计划的方向前进时，它会对你严加责备。

自责通常在有不健康压力时出现，是因为自责想要保护你，但它被误导了。正如在第一章和第二章中所说的，不健康压力激活了你的杏仁核，于是你的自我保护机制开始超速运转，大脑也不能发挥最大效用了。自责也是自我保护机制的一部分。

这就是为什么有压力时，"开心点儿""想开一点""放松放松"这样的建议一点儿也不管用。只是想把压力赶走是不可行的，如果你能做到这些，你早就做到了。

如你所知，从生物学角度来看，压力像是一列失控的火车，留下你手忙脚乱地寻找制动装置。在我的压力故事中也有很多善意的人，包括我的医生，他们都告诉我要"放松""多看事情积极的一面"，以及"努力克服"。虽然我也竭尽全力想要做到，但全都不管用，最后我感觉更糟。因为压力，我已经相当消极了，根本无力从积极的一面思考——这只会让我的心智带宽更加不足。靠思想让自己走出压力是天方夜谭，很多建议都来自关于毒性复原力的"神话"。

不健康压力下自责会更严重的另一个原因，是压力影响了你的自我效能感。正如我们在第三章研究的，当你达成MOST目标时，你的自我效能感会提升，这对你的状态有一个治愈效果。这一点非常重要，原因在于压力会降低你的自我效能感，不健康压力和随之而来的许多不舒服的感觉会让你觉得失控。而在失控状态下，你更容易用不友善的方式对自己说话。于是，你的自责就拿起了扩音器。而自责声越大，你的不足感和不健康压力又会越强。这是一个恶性循环。

第五次重置就是要打破这一循环，从自责紧握的手中拿走扩音器，重拾力量和自我效能感。利用本次重置中的两个技巧——写下感恩清单和表达自我——你将学会如何停止自责，以及如何展现最好的自我。

停止自责

罗宾（Robyn）来见我时，她已经感受到了自责带来的负面影响，并将其描述为没完没了的独白。罗宾是个企业家，刚开了一家公司，同时刚刚成为新手妈妈。说她"不知道"如何扮演这两个角色，已经过于轻描淡写了。罗宾正在同时看心理医生和产科医生，想要得到一些支持。在一个焦头烂额的早上，她决定来见我，以得到一些额外的指导。

"我的第一次会议要迟到了，但就在着急忙慌地出门时，我却不小心把咖啡溅到了衬衫上。"她告诉我，"我没有冷静地处理，而是放声大哭，开始指责自己：'我什么事都做不好，太无能了。我没有为这次会议做好准备，就因为我，我们将会失去这单生意。我就该待在家里。'这点咖啡渍就让我心烦意乱，一整天都无法好好工作，想要回家。一点咖啡渍就引发我如此强烈的消极想法，这件事让我大为震惊。"

罗宾知道自己做出意料外的反应源于慢性压力和职业倦怠，但她仍然很困惑。"我办公室里常年放着备用的西装外套，我完全可以套上它遮住咖啡渍。现在回想起来，我当时完全像是末日来临了。这对我太不寻常了。"

罗宾可能对自己的过度反应感到震惊，但我没有。饱受压力的大脑对负面体验高度敏感是常见的特征。你饱受压力的大脑对外在环境高度警觉，即使是一个看起来不重要的错误，也可能引发一连串负面情绪。

这是你的杏仁核在自我保护和求生的另一种失控表现。

正如心理学家里克·汉森（Rick Hanson）描述的，在压力下，负面体验在大脑中挥之不去，就像魔术贴牢牢粘住。因为这就是大脑的运作方式，它这样扫描危险来保护你的安全。这不是心理构造的设计缺陷，而是一种自然的保护机制，是为了让你保持警觉，远离危险。这和你感到焦虑时会控制不住地浏览社交媒体的机制一样，这时的你就像部落的守夜人，在部落成员睡觉时留意危险或入侵（见第四章）。过度警惕和对负面经历的高度敏感是所有不适应应激反应的标志。

罗宾需要一个短期的解决方案来解决她过度的应激反应，但她也需要一个长期的策略来让大脑永远摆脱世界末日模式。对于罗宾的两项策略来说，她需要从"静止—呼吸—保持"策略开始（见第五章）。我让她选两件在早晨让她感到压力最大的事情。作为新兴企业的创始人和新手妈妈，罗宾每天早上五点半就要开始一天的准备了。她不需要闹钟，宝宝的哭声会告诉她该起床了。她会立刻从床上弹起来，套上睡袍，跑过走廊来到儿童房。

"不知道为什么，我跑得好像有什么紧急情况。"罗宾告诉我，"但通常我跑过去的时候，他都在对着床上挂着的玩具嘟哝。他都不紧张，我紧张什么呢？"

我建议她每天早晨走进婴儿房之前，使用"静止—呼吸—保持"技巧。我想让她完全静下来，在走廊里进行一个深深的呼吸，全身心关注当下，意识到此刻听到了宝宝的哭声，要去看看。然后她可以走进去，抱起她的宝宝。

第七章 | 第五次重置：展现最好的自己

一周后，罗宾给我发了一封邮件："这个小小的'静止—呼吸—保持'技巧，给我和我的儿子每天早晨带来了很多快乐，也为我的一天奠定了基调。我在走廊里进行这个练习时，他会看着我，脸上挂着微笑。在这之前，我都意识不到他在笑。在这三秒钟的静止中，我对之前整个早上的日程安排进行了反思。"

通过每天早上练习"静止—呼吸—保持"这一最基础的技巧，罗宾每天一大早匆匆忙忙照顾婴儿引起的一系列应激反应消失了。早晨起来后的第一时间，她是平和的，这就引发了多米诺骨牌效应，为她接下来的一天奠定了基调。

"我也将这个技巧应用到了一天里的很多其他时刻，"她写道，"我通常在冲咖啡的时候浏览工作邮件，但现在，从柜子里拿出杯子之前，我会进行'静止—呼吸—保持'练习。之前这段时间往往是匆忙而混乱的，但现在一切都不同了。我在做饭前也会用这个技巧，这几乎不需要额外的时间。大脑每天早上都在进行这样的重置。"

罗宾渐渐地有意识地将大脑从"生存模式"转变为一个更平和、更稳定的状态，她正在展现最好的自己。她的生活中依然有很多压力，但是用"静止—呼吸—保持"技巧开启一天，产生了正向的连锁反应。

在这种新的思想状态下，罗宾感觉自己越来越娴熟地掌控了情绪，因此可以分出一部分心智带宽来思考更长远的解决方案以重置大脑，减轻压力。

是时候给罗宾介绍适合她的第二项策略了——感恩练习。练习感恩可以让她的大脑摆脱世界末日模式（主要特征是贫乏的心智带宽），重获富足的心智带宽。

我知道罗宾不会特别愿意接受感恩练习，所以我先向她解释了感恩和认知重构（cognitive reframing）的科学原理作为吸引她的点，这一招果然奏效。

感恩：从维克罗（Velcro）到特氟龙（Teflon）①

感恩的语言是大脑压力通路的强大阻断器。经证实，感恩可以降低压力水平，提高正面情绪和复原力，同时提升生活满意度。一项研究发现，人在处理一些压力大的事情时，感恩可以预防抑郁，保护身体健康。另一项研究发现，感恩可以在短短一个月内降低压力水平；感恩还可以帮助改变大脑通路，让人积极应对消极经历，让这些经历像经过特氟龙一样毫无迟滞地过去，而不是像维克罗一样紧紧贴在人身上。这一过程被称为认知重构，即让人以发展的眼光看待问题。

汉森说："只要多花几秒钟，你就能保持积极的体验，将短暂的心理状态转化为持久的神经结构。心理状态会变为神经特质。日复一日，你的思想会慢慢构建你的大脑。"

教会大脑感恩的语言，你就可以保护它免受压力的不良影响；通过培养积极的思想，你就可以抵消自责带来的负面情绪。但先来明确一点，感恩并不是"伪装积极"的代名词，也不是盲目乐观地认为"一切都很好"。你可以在与压力做斗争的同时，仍对生活的某些方面心存感恩。一项针对300位大学毕业生的研究发现，感恩的心态对那些压力大、心理健康受损的人大有裨益。

研究者将这些对心理健康有益的改变，描述为随着时间推移而改善

---

① 维克罗是魔术贴品牌，黏性非常大；特氟龙是一种涂料，它的摩擦系数极低，可作为易清洁水管内层的理想涂料。

的"积极的滚雪球效应"。值得注意的是，感恩对心理健康的好处并不是立竿见影的，而是与日俱增。这种心理健康的正向改变，在进行感恩写作活动12周后会更加明显。

一开始，感恩可能会让你觉得不自在，你可能需要冥思苦想，特别是如果你的压力通路在最近几个月或几年里一直处于超速状态。但正如科学所示，感恩是需要练习才能掌握的技能，通过时间和坚持，你的大脑可以学会感恩这一新的语言，帮你平息自责的声音。

我向罗宾建议进行感恩练习时，她迟疑道："感恩是一些华而不实的东西，不是吗？我不是那种感性的人。"

罗宾对我将感恩作为应对压力的技能的提议不感兴趣，但我和她分享了最近的一项研究结果，并告诉她这对改善倦怠大有帮助后，她同意试试。作为新手妈妈和新手企业家，罗宾同时体验到两种最常见的倦怠和心理健康问题。一项针对上班族父母的研究发现，2/3的父母（尤其是近70%的上班族母亲）达到了倦怠的标准。另一项针对女性企业家的研究显示，在筹资创业时，52%的人存在心理健康问题，95%的人患有焦虑。

罗宾不是个例，而是常态。她的慢性压力和倦怠症状不代表个体的失败，相反，它们反映更多的是社会性阻力，比如社会缺乏对上班族母亲和女性企业家的支持。了解了这些统计数据后，罗宾终于有勇气迈出第一步，将压力转化为能够激励自我的健康压力。她同意将感恩作为她的第二项策略。

罗宾开始每天进行感恩练习。她在床头柜上放了一个笔记本和一支笔，这样每晚睡觉前就可以写下当天心怀感激的五件事及其原因。我告诉她，这不是写作练习，不需要写很长，每天晚上花一两分钟完成就好。

我告诉罗宾，她的感恩不一定是关于改变人生的重大想法或事件，它可以是简单的"我很感恩我有强壮的臂膀可以抱宝宝"或者"我很感恩有剩饭剩菜，这样我就不用做晚饭了"。

正是这一点最终打消了罗宾的抵触情绪。"好吧，"她说，"这听起来很容易。"

我们也讨论了为什么要写下感恩清单，而不是复述或者将其记在手机或笔记本电脑上。用手写字和打字时用到的大脑通路完全不同。如果写在纸上，你记住的可能性会更大。你有过在纸上列出购物清单但是忘带的经历吗？奇怪的是，你可能记得清单上的几乎每一项。但是如果你把购物清单输入手机，然后不小心删除了，很可能你就记不住。

罗宾不情愿地开始进行每晚的感恩练习。但是四周后再次来见我时，她内心自责的悲观独白明显减少了。"我确实感受到了不同。我对自己不那么挑剔了，心态也更平和。"她告诉我，"偶尔，白天发生了一些事情后，我会对自己说：'我今晚要把这件事写进我的感恩清单。'我现在开始关注身边的小事了。我想用'享受'这个词来形容我的改变，我现在开始享受生活的某些方面，而不是随波逐流。"

罗宾的大脑及其通路随着她视角的逐渐转变开始发生变化。她压制了内心的自责声，腾出空间让最好的自己展现出来。

技巧14：写下感恩清单

1. 在床边放一个笔记本或一沓纸，以及一支钢笔或铅笔。
2. 睡觉前，在笔记本上写下五件想要感恩的事情。可以是白天发生的美好的事情，也可以是一些小事，例如有热水洗澡。
3. 对每件事情写一个为什么感恩的简单说明。
4. 坚持三个月，每晚保持记录，每四周自我检查一次，看看你看待日常事物的视角是否发生了改变。

我与压力做斗争时，发现每天的感恩练习对我大有裨益。像罗宾一样，我也没想到这么简单的事情竟对改善压力有如此大的帮助。我每周工作80个小时，在病房里面对疾病和生死。我没有时间，没有兴趣，也没有耐心像一个孩子那样在日记里写下自己的感受。我想找到有数据支撑的结果。但在阅览了这项研究的结果后，我将信将疑地开始每晚在睡觉前进行感恩练习。

有的时候真的很难写。我会写类似"我感恩我有两条胳膊、两条腿""我感恩我有一颗跳动的心脏""我感恩我的肺让我呼吸"之类的话。我治疗过很多不能说这些话的患者，因此我的感恩是发自内心的。如果不是真心的，我不会写下来。有时，我很难凑出五件事；有时，我想写的事情远不止五件。一开始，到了晚上我只想关灯睡觉，但我保持自律，每天都写五件事。久而久之，我的思想开始转变。像罗宾一样，我发现我的视角从悲伤、忧郁转变成平和、专注，内心的自责渐渐失去了力量。这是在几个星期里逐渐发生的、难以察觉的变化。

我清晰地记得一个阳光明媚的春日下午，我走在街上，突然意识到"哇，我整个周末都没有自责。实际上我可能没注意，我已经一周都没自责了！"

我感觉如释重负。我学会用写感恩清单的方式让自责闭嘴，把最好的自己展现出来了。

自那天起，我就一直保持着写感恩清单的习惯。不像最初训练大脑掌握这种新语言的那几年那样每天都记录，现在，我只在感到有压力时在睡前连续记录一段时间。这个笔记本一直放在我的床头柜上。通过认知重构，我的大脑通路开始重新调整，远离压力，回到平静。现在，它已经成为我面对压力时的宝贵工具。我希望它对你也是如此。

治愈性写作

刚进行感恩训练时，你可能会不情不愿，但最终会沉浸其中，就像罗宾一样。将你的想法和情绪写在纸上，是宣泄和疗愈的过程。如果你曾经历过创伤，把这些痛苦的感觉释放出来是非常重要的。多年来，我的许多患者通过一种经过科学验证的写作练习——表达性写作（expressive writing）——来释放他们压抑的情绪。

像你一样，我的患者也过着日理万机、通宵达旦，有时人仰马翻的生活。他们在工作和家庭中都被寄予了过高的期望。很多人觉得自己的马达一直"开着"。他们没有机会放松紧绷的弦，这就是为什么来见我时，门一关，他们的情绪就爆发了，这是必然的结果。我们都是普通人，不是机器，表达性写作可以帮助那些要扮演多个角色的人在每个角色中都更加轻松。这个效果也是有科学支撑的。

表达性写作由社会心理学家詹姆斯·彭尼贝克（James Pennebaker）创造，是一个非常直接和简单的方式。

技巧 15：表达自己

对于如何进行自我表达的练习，彭尼贝克给出了明确的指导：

> 我想让你写写对你和你的生活造成了重大影响的情感问题，以及你对此最深切的想法和感受。在写作时，请打开内

心，挖掘最深层的情绪和想法。你可以写写你和其他人的关系，包括父母、爱人、朋友或者亲戚；写写你的过去、现在或者未来；或者你过去是什么样的人，想成为什么样的人，现在是什么样的人。你可以每天写同样的主题或经历，也可以写不同的主题。你的所有写作都要完整、真实。不要担心拼写、句子结构或者语法错误。你唯一要遵循的原则是：一旦开始写作，就要一直写下去，直到定好的截止时间。

表达性写作的影响非常深远。研究表明，它对一系列影响你和你生活的事情有积极作用，比如身体疾病、抑郁、情绪困扰、免疫系统、失业后再就业、缺勤。如果你是学生，它还可能影响你的平均学分绩点（GPA）。

关于表达性写作的研究中最一致的一个发现是：它可以减少你看病的次数，因为它有助于减少与压力相关的身体疾病。正如前面提到的，医生们说60%~80%的患者来看病都是因为压力。试想，如果我们可以教患者用表达性写作治愈压力引发的症状，那患者看医生可能就不用排队了！

我给很多患者开过表达性写作的处方，他们分属各个年龄段，来自各行各业，几乎所有人都从这一练习中有所收获。在我还是个患者并且正在尝试走出压力隧道时，我也使用了这一练习，好奇自己身上会发生什么。表达性写作发掘出了我最痛苦的一段日子中很多被隐藏的思想和感受，它帮我理解并找到了那个特定时刻的意义，为我提供了之前没有的视角和情感距离，解开了我很多关于存在主义的困扰。我相信，在本书列出的许多技巧中，表达性写作是让我内心的"野马"不再狂奔的实用技巧之一。

我遵循了彭尼贝克提供的写作规则，一连4天，每天安排15~20分钟不受打扰的时间，设置了一个闹钟，开始写作。我写了第一次心悸的创伤事件（见第一章）。自我表达结束后，我感觉好多了，你也会的。

不用担心其他人会找到或窥探你的想法。写作时间结束后，你可以把写过的纸撕碎扔掉。这种写作不是为了保留你的情感，而是为了释放情绪，这样，不管是身体上还是精神上，都不会酿成更严重的后果。这是打开茶壶的压力阀释放治疗性"蒸汽"的另一个方法。

如果你有过艰难的创伤性经历，觉着这个创伤是造成现在压力的罪魁祸首，那么现在是时候处理你的情绪了。治愈性写作可以帮你卸下情绪包袱，你可以在压力更小、复原力更强的状态下轻松上路。

当然，即使你可以利用一些技巧来管理压力，生活中还是会不可避免地遇到一些事情把你打回原形，我们都有这种经历。我的患者珍妮特（我在第三章提到的）——那位得了中风后正在恢复期的公寓管理员——在她第一次就诊的六个月后进行了随访。当时她的体重增加了很多，而且身体状态似乎也恶化了，因为她又开始使用拐杖了。

珍妮特说："上次来的时候，我以为我的脑子坏了。这次，我觉得我的心脏有问题。"

珍妮特告诉我，她的伴侣在他们准备乘船旅游前几周离开了她。"我的身体确实一直在恢复，"珍妮特说，"但对他来说可能不够快。"

他遇到了一个更年轻的人，搬了出去。"

"珍妮特，发生这样的事情真是抱歉，"我说，"你一定很伤心。"

"伤心？我简直疯了！"珍妮特说着用拐棍在地上敲了三下，情绪非常激动。这让我想起了我们第一次见面时的情景。"我们之前一直很好的。过分的是，他竟然好意思把我们的猫带走！"

看到珍妮特还有精气神儿，即使她的表达方式是愤怒，我还是松了口气。

"问题是，我们的朋友圈完全一样，"珍妮特一边说一边挥舞着拐棍，"所以我根本没人倾诉。除了今天，我已经两周没有离开过公寓了。"

"我可以给你提供新的'两个法则'，珍妮特。"我说，"首先，我想让你再去找治疗师。你可以吗？"

珍妮特的眼里泛起了泪花，说："我想，我一直坐着，把微波爆米花和冰激凌当饭吃，对我的中风恢复一点儿帮助也没有。好吧，我明天就预约。"

然后，我告诉她法则的第二条就是表达性写作。我向她解释了这个技巧，然后把彭尼贝克的话打印出来递给她。

一个月后，我打电话问珍妮特的状态。"我现在住在泽西海岸的公寓里！"她告诉我，听起来情绪高涨，"我那个有钱的表弟买了好几栋房子需要人看管，如果有需要修理的或其他什么事，我就告诉他。"

"真是一个了不起的改变，珍妮特！"我说。

"离开你的办公室后,接下来的一周我都在进行表达性写作。天啊,我把有关前任的事情都写了上去,然后把它们撕碎,扔进公寓大楼的垃圾道里!"她说,"你猜怎么着?非常有用!我有时还是会感到生气和难过,尤其是想起我的猫还有没去成的旅行时。但现在,我拥有了整个海滩!我还抱怨什么呢?"

我问她身体恢复得怎么样了,她回答说:"身体恢复还是很慢,但是你知道吗,我把拐棍放进了壁橱里,每天用滑板走路。我中午吃沙拉,已经减掉3磅(约1.3千克)了。"

挂电话前我还问她,她受伤的心是否得到了修复。珍妮特停了一下,说:"你知道的,我站在阳台看着大海,想到这些浪潮退下去,但过不了多久就又回来了。不是吗?我想生活也是这样。"

我知道珍妮特恢复得很好。她现在承受的是健康压力,而且她的复原力从泽西海岸一路传到了我在波士顿的办公室里。她找到了展现最好的自己的方式。

在针对卡门、律师出身的艺术家(第三章出现)的后续治疗中,我在向她描述这个技巧时,尚不知道这将是她最后的两项策略之一。她的试验性癌症治疗没有奏效,卵巢癌转移到了肝脏。但她依旧平和,充满笑容。

"现在怎么办呢?"卡门问道,"我就这么放弃,蜷成一个球,然后等死吗?我还没准备好,还留有遗憾。"

虽然卡门看起来更加憔悴了,但她邀请我三周后去看她的画展,并露出自豪的微笑。

自从我们上次见面以来，卡门在培养成就感和幸福感方面取得了很大的进步。她用雕塑和亲近自然这两项策略，找到了生命的意义和目的。

"有一件事我一直放不下，"她说，"我对自己还是律师时得到晋升的那一天一直记忆犹新。我其实不想接受晋升，我讨厌我的工作。但同事说服我接受，所以我就接受了。没有跟随自己的心，我一直很遗憾。如果我跟随自己内心的声音说'不'，谁知道生活会是什么样的呢？"

卡门还有未完成的心愿。为了让她相信她的经历很正常，并让她在后悔中不感到那么孤独，我与她分享了一些令人信服的研究。人们在生命结束时最常见的遗憾是：我希望我有勇气为自己而活，而不是为别人对我的期望。卡门没有办法回到过去做出不同的选择，其他人也不可以，但她接下来可以做的最好的事情是把它写出来。所以，我把表达性写作加入了针对她的两项策略。卡门连续4天、每天连续20分钟书写她被压抑的不满、愤怒、自我怀疑和后悔。

一日一生

对于卡门，我还有最后一个建议。这一建议对所有人都适用，不论年龄大小、文化程度高低、经济水平好坏、有无工作或者是否健康，也不论你认为自己的生命还剩70年还是70天。我经常对患者开这一处方：一日一生。

在患者的疗愈过程中，我的角色是帮他们发现内在的复原力、乐观和幸福。不管坐在我面前的患者是癌症晚期、患有慢性病，还是饱受生活的其他折磨，学会像度过一生一样度过每一天，是我推荐的最普遍适用的法则之一。

在一天中度过一生并不是你想象的那样在24小时内进行极限挑战。它是应对忙碌文化的解药，为了让你慢下来。在一天中度过一生，就是要把构成漫长而有意义的生命弧线的六个要素——童年、工作、假期、社群、独居及退休——糅合在一起，把它们同时安排在一天之内。通过练习一日一生，你会用一种全新的、接受的态度渐渐重新定义时间，而这是你目前最珍贵也最稀缺的东西。一日一生可以在每天结束时给你很大的满足感，因为时间毕竟都是借来的。

一日一生由六个要素构成。这些要素不是简单的花样，它们在临床和心理学上都有重要的意义，把这六个要素都融入一天之中吧！

- **童年**。将一天中的一些时间留给童年，尤其是身为成年人的你。培养你的好奇心和娱乐感，为了快乐而快乐；找到你的心流状态——幸福的最佳境界，我们在第三章中讨论过。

- **工作**。每天花点时间来工作，不管有没有报酬，这是你巩固生产力和成就感的机会。研究表明，许多工作随着年龄的增长，会在我们的生活中创造归属感、目标和意义。

- **假期**。每天都度个假，拔掉电源，放松，逃离，怎么高兴怎么来，做一些能带给你满足感的事情。比如：读书、烘焙、艺术创作、玩乐器、游泳，或者就只是在网上看你最喜欢的电视剧。这是在精神上享受假期。

- **社群**。每天花点儿时间和家人待在一起或者融入社群。和那些给你归属感的人保持联系——像家人一样的朋友、亲近的同事、邻居。不需要花费很长的时间，即便只是打个简短的电话，也可以巩固联系。大量研究表明，人际关系是我们一生中最重要的幸福预测指标。

- **独处**。每天花点儿时间独处也很重要。独处可以增加幸福感，也可以激发创造力和你对他人做出良好反应的自然能力。

- **退休**。最后，花一点儿时间过退休生活，将此作为一个暂停，反思和评估你的活动和成就，不论大小。矛盾的是，人年纪越大就越快乐。

一日一生这六个要素，每个人都可实际操作。我将这个建议告诉那些得了绝症，只剩几个星期或者几个月生命的患者后，他们觉得很有实操性，因此可以在余下的日子里坚强而有意义地活着。对于患有慢性病的患者，他们可以感受到生活的动力和进步，即便疾病让他们更加虚弱。对于其他健康但是有压力的患者，这调整了他们的注意力，让他们更加全身心地投入生活。

不管你正处于生命旅程中的哪个阶段，目前面临怎样的境况，一日一生的处方都可以帮助你在一天中保持专注，感受当下。它就像一个全景镜头，你能以长远的眼光看待生活，并展现出最好的自己。

第七章 | 第五次重置：展现最好的自己

给自己的情书

正如你在第五次重置中所学到的，在应对不健康的压力时，文字和图像可以有效地帮你展现出最好的自己。这是因为人类是视觉学习者，所以你有视觉线索可以依赖时就会学得很好。踏上缓解压力之旅时，你可以充分利用文字和图像，试着把自爱的视觉提示和信息融入你的日常生活中，帮助你前进。

把MOST目标和实现目标的反向计划贴在冰箱上，这样你每天都很容易看到；在日历上设置一个散步或感恩练习的每日提醒；在看得到的地方，放上你的两项策略清单，每天完成后做一个大大的标记，然后花几秒钟享受成就感。尽可能多地从视觉上提醒自己："我比压力更强大"，每天早晨都在压力和自我中选择自我。

我与压力抗争时，也用了很多视觉线索来专注于未来的自己。我在便利贴上写下鼓舞人心的名言，以鼓励自己，并把它们贴在公寓里。我最喜欢的一句话是："你可以同时作为完成的杰作和正在创作的作品。"这让我在对抗压力时找到了更多的自我慰藉。我还做了一张大海报挂在公寓的入口处，海报白底黑字地写了"行动"一词，其他什么都没有。在进进出出的时候，我的眼睛自然而然就落在黑色的字上，这促使我行动起来。我常常需要这类提醒，但不需要App、智能手表或者其他高科技的提醒工具，一支马克笔和一个硬纸板可以起到同样的作用。

卡门在我们见面一个月后给我发了一封邮件："谢谢你，内鲁卡医生。我接受了你的建议,开始写作、雕塑及感受自然。我在卧室里贴了一张海报,写着'一日一生',我也这么做了。我之前一直不知道治疗和治愈的区别,但现在懂了。我的治疗一直没有成功,但至少被治愈了。"

我将这封邮件保存了下来。

几周后,卡门举办了作品展,她的家人、朋友和前同事都出席了这次展览。她的妹妹寄给我一些展览的照片,卡门看上去容光焕发,充满了成就感。

两个月后,卡门去世了。

卡门的临终生活充满了快乐、意义、目标和满足。虽然疾病治疗没有成功,但卡门得到了治愈。她全身心地实践了第五次重置的技巧,写出她的感恩,进行表达性写作,以及践行一日一生原则。在应对无从想象的痛苦疾病的过程中,卡门找到了把最好的自己展现出来的方法。一路走来,她也帮助很多关心她的人成为更好的自己。我经常会回想起我们进行过的深刻谈话。在最初学习处理压力时,卡门可能还是个学生,但看着她接受生命的终结,我知道学生已经成长为老师。

THE
5 Resets

第八章

捷径

> 有朝一日你终会醒悟：包裹严实藏在花蕾里，远比尽情绽放疼痛难耐。
>
> ——阿娜伊斯·宁（Anaïs Nin）

现在你已经对五次重置法和其中的15种技巧有了全面认知，它们都可以帮助你减少不健康、不适应的压力。在缓解压力之旅中，我们已经携手并进了很远，但最后一段旅程需要你自己走完。是时候把从本书中学到的技巧应用到生活中了，你可以将五次重置和"两个法则"作为你工具箱里的工具，现在就看你选择哪个工具并加以利用了。因为只有你行动起来后，这些技巧才能起作用，你才能进行重置。

这可能会让人望而生畏。对于改变为什么这么可怕，我们已经讨论很多了，但我相信你已经做好了准备，并且在内心深处也相信自己能够改变；即便没有十足的信心，你也要先迈出第一步，我会在远处给你加油。另外，我非常相信你有能力为自己做好这件事，所以，考虑一下我的正式邀请：现在，请开始勇敢地改变生活吧！

你的大脑是如何做出改变的

"我不敢相信,直到事情发展到这个地步自己才开始改变",我从无数的患者、朋友和家人口中听到过这句话。当然,我自己也说过。有这种想法并不意味着你已失败,反而意味着你在进步。从科学的角度来看,产生这种意识或者类似的想法是你的大脑做出改变的必经之路。因此,你对自己说出这样的话时,就意味着离采取行动更近了——远比你自以为的要近!

忙碌文化告诉我们:人们做出180度大转变,是因为经历了一个鼓舞人心的、改变生活的时刻。但这是虚构的、不现实的。从来没有一个患者告诉我,他们决定改变仅仅只是因为生活中的某个时刻。改变不是一蹴而就的,而是随着时间的推移,由上千个重要事件日积月累形成的动力。改变往往是在厌倦了现状的情况下慢慢发生的。

20世纪70年代末,研究吸烟者的研究人员提出了所谓的"阶段变化模型"(Stages of Change Model),或称"跨理论模型"(Transtheoretical Model of Change),明确了变化的五个阶段:

1. 前意向阶段(precontemplation):你可能听到了体内"金丝雀"的警告,但你一定没有意识到这是个问题。事实上,你甚至正在与这些警告对抗。

2. 意向阶段(contemplation):你渐渐地认识到"金丝雀"的警

告对你来说可能是个问题，但还没有准备好进行改变。你正在权衡，想知道是忽略这些警告，还是应该采取一些措施。

3. 准备阶段（preparation）：你决定对"金丝雀"的警告采取一些措施。例如，你正在读本书，想找出五次重置中的哪些技巧可以应用到你的生活中。

4. 行动阶段（action）：你最终准备好采取行动处理这些警告。你把五次重置付诸实践，每次使用两种技巧（"两个法则"），同时开始收获压力减小和复原力增强带来的好处。

5. 巩固阶段（maintenance）：通过微小的、持续的努力，你将这五次重置全部应用到日常生活中。你的大脑已经根据新的行为创建了新的通路来减少压力，增强复原力。

回想一下你在一生中做出的最大改变，例如换工作或者开始一段新的恋爱，在最终做出改变之前，你极有可能也经历了这五个阶段。所以，如果你情绪低落，自我怀疑"我是怎么让事情发展到这个地步的"，要给自己一些安慰和鼓励。你很可能正处在改变的第二个或第三个阶段，远比你认为的走得远。

相信改变的过程

在下定决心做出改变之前，大脑和身体经历的这五个阶段，对每个人来说可能略有不同。你的治愈之旅对你来说是独一无二的。所以，如果你在经历缓解压力之旅的过程中感到焦虑、愤怒、挫败、失望、恐惧，甚至有时无动于衷，不用担心，你经历的每一种情绪都是正常的。成长本身就是一个混乱且非线性的过程，关键是要相信这一过程并坚持下去，即使你正处于混乱中。有时你可能取得重大进展，有时你可能感到自己在原地踏步，但不管你的路线和速度如何，请相信，你正在缓解压力之旅的道路上前行，你就是在进步。

把五次重置中的技巧融入生活时，你有时可能会非常沮丧，因为你一次只使用两个技巧，改变的速度达不到预期。我们都想快速减少压力，增强复原力，跳过中间的步骤直接到达终点是非常诱人的。当然诱人，因为我们的忙碌文化把速度视为一种现代美德。但是你的大脑和身体有自己的时间表，它们不急不躁地按自己的节奏运行。本书阐述的心态转变、实践和技巧，都是为了尊重这个时间表。要改变生理特性，你要依照你的生理时间表，而不是与之对抗。采取缓慢、微小、稳定的步骤，是你在减少压力、增强复原力之路上最可靠、最可持续也最持久的途径。

还记得《龟兔赛跑》的故事吗？面对压力时，你的大脑和身体就像兔子和乌龟。

一天，兔子嘲笑乌龟跑得太慢。

"你去过其他地方吗？"兔子嘲讽地问道。

"当然去过，"乌龟回答道，"而且我到达的速度比我想的还要快。我要和你进行一场比赛来证明。"

兔子被乌龟想要赛跑的想法逗乐了，但为了好玩儿，它还是同意了。就这样，同意当裁判的狐狸画定了终点线，宣布比赛开始。

兔子一转眼就跑得不见踪影，想让乌龟觉得和自己进行比赛是多么可笑。它跑到一半躺了下来小睡了一觉，准备等乌龟追上来再跑。

与此同时，乌龟慢慢地匀速爬着，过了一段时间，超过了正在睡觉的兔子。但兔子还在熟睡着，最后等它醒过来的时候，乌龟已经快到终点线了。这会儿兔子连忙用最快的速度追上去，但它已经追不上乌龟了。

不是所有的比赛都要靠速度。

试想，如果乌龟在比赛途中质疑自己的能力，"我太慢了，我不会赢得这个比赛的。兔子比我跑得快多了，我会被碾压，还试什么呢？反正我最后会失败，不如还是放弃吧。忘了这件荒唐事，我不干了"，毫无疑问，乌龟的消极自我对话会让它的努力功亏一篑。

但它没有进行消极自我对话。乌龟不相信速度，只相信靠缓慢而坚定的天性最终会取得胜利。它没有被自己的速度困扰，而是专注于自己的坚韧和毅力。

保持乌龟心态很重要。每次只走"两小步",从小事开始,慢慢来。也许你的"两小步"是每天在小区周边逛逛,利用一次休息时间进行一些温和的拉伸而不是看电子设备。不管是什么,选择小小的两步,专注于它们。久而久之,你会渐渐准备好再走"两小步",因为第一次的"两小步",你已经可以轻车熟路地应用到生活中了。

有时你会感觉比较轻松,有时你又会感觉举步维艰,但至少问问自己:"有什么事情是我可以坚持五分钟,并让自己今天感觉更好的?"即便只能进行五分钟的腹式呼吸,你也是在对大脑发出进行重置这个信号。如果某些天你没有任何精力或时间来重置,给自己一些宽慰,第二天重新开始。研究表明,偶尔错过一些事情,不会对你的大脑养成健康习惯的减轻压力之路造成负面影响。挫折也是改变的一部分,尽你所能,保持前进。

将五次重置法应用到生活中时,想想你能为你爱的人提供强力的支持:你会鼓励他们,原谅他们的失误,同情和理解他们经历的一切。然后,将同样的做法应用到自己身上,因为你前进的每一步都值得肯定。

温柔对待自己

在承受巨大压力时，对自己施以同情并不是一种容易培养的感情，但同情会对你的压力产生强烈的影响。在缓解压力之旅中，试着对自己多点儿宽容，这可能是帮助你前进的最有效方法。当你能够透过自我宽容的滤镜来看待问题时，五次重置涉及的几乎所有技巧才会更加有效。因为同情作为对抗压力的缓冲保护机制，有助于改变大脑和身体。

研究显示，自我同情可以降低皮质醇水平，帮你应对生活中的困难，保护你的心理健康，从而改善你的压力水平。自我同情也会对大脑中控制压力的特定区域（比如杏仁核）产生作用。

一项研究对40个人的大脑进行了扫描，发现自责时杏仁核活跃度提高，而自我肯定或自我同情时，其活跃度降低。另一项针对46位女性的研究显示，自我同情度高的人感知到的压力水平度更低。但在压力状态下，相较自我同情，人们太容易陷入自责了。为什么应该作为自己最大的支持者的时候，我们却往往会成为最糟糕的批判者呢？

研究自我同情的心理学家克里斯汀·内夫（Kristin Neff）和克里斯托弗·杰默（Christopher Germer）认为："我们深深地依赖自责，而且在一定程度上，我们可能认为痛苦是有益的。可以这么说，自我同情的动机源于爱，而自我批评的动机源于恐惧。"

对我的很多患者来说，压力和恐惧总是形影不离的，原因在于大脑处理恐惧和压力的区域相同，就在杏仁核。但从自我同情的角度出发，你就可以通过五次重置法缓解恐惧和压力，让你的心理健康有更光明的未来。好消息是，自我同情及本书提到的其他所有内容，都是可以学习、练习和掌握的技巧，这都归功于大脑不可思议的神经可塑性。

内夫和杰默认为："如果我们真的关心自己，就要做一些能让自己快乐的事情，例如挑战新项目或者学习新技巧。"

挑战新项目和学习新技巧，就是五次重置的全部内容。

选择未来的自己

通过临床实践，我目睹了数百名患者的转变，也从参加我讲座的人那里听到了他们成功的故事。很多人都曾在通往职业倦怠和慢性健康问题的快车道上，有些人甚至因为没有恰当处理压力而永久地破坏了人际关系，失去了工作。你不会相信他们在与压力的斗争中能取得成功，因为所有的事情都在跟他们作对。但是，他们还是成功走出了黑暗的压力隧道，和我分享了他们的成功故事。

我问过其中许多人——他们的生理机能与你我完全相同——他们是如何写就自己的成功故事的？他们是怎么想、怎么做，最终让自己从压力的阴影中爬出来的？他们每一个人都用自己的语言，向我讲述了同一件事情。如果说所有这些故事有什么共同之处，那就是他们想要变得更好的欲望战胜了原地踏步的想法，他们选择了未来的自己。

想象未来的自己在生活中压力更小；想象未来的自己取得成功，并实现了MOST目标。为了成为那样的自己，你会怎么做，每天将采取什么行动？在通往成功的路上，你会告诉自己什么？在坚持健康道路的过程中，很容易迷失方向，但如果你能看到未来，你就能做到。想象自己已经成功，可以帮助你坚持下去，维持进行五次重置的动力，即使在缓解压力之旅中暂时遇到困难。把自己想象成一个正在创作的杰作，你的大脑就会帮你一次次重置，直到成功。正如作家布琳·布朗（Brené Brown）所说："有一天，你会讲述自己是如何克服一切困难的，这将成为其他人的生存指南。"

　　相信你有能力重获复原力。它已经在来的路上了。

追求进步而非追求完美

随着一步步接近未来的自己,你可能会忘记来时的路,以及你在缓解压力之旅中走了多远。当谈及自己的进步时,有的人总是记得不那么精确。你如果每天都在进步,就很难发现自己进步了多少。你如果有过健身或减肥经历,就会明白我的意思,你看不到每天的体形变化,你周围的人(家人、室友、同事)也没注意到任何改变。但如果某个周末,你和一个六个月没见面的朋友一起出去,对方一定会注意到你的改变。这就是为什么用一些客观的东西来衡量你的进步如此重要。

本书开篇介绍了一些方法,比如计算个人压力评分,创建自己的MOST目标并设计反向计划来达成MOST目标。这些都是非常好的、客观的标准,可以用来跟踪自己的进步。在把五次重置应用到生活中时,每四周自我测试一次,问问自己以下问题:

- 我最新的个人压力评分是多少?
- 我最初的MOST目标依然正确吗?
- 是否有另一个更适合我目前情况的MOST目标?
- 在我的反向计划中,我现在处于哪一步?
- 我目前使用的两项策略是否已在大脑中形成通路?
- 我可以再增加两项策略来更加靠近未来的自己和MOST目标吗?

你可能不觉得自己的压力降低了，但是，4周、8周甚至12周后进行自我评分时，你会为自己取得的进步及达成的成果而感到震惊。

还有一点非常重要，你要知道，有的成长即使从外部看不出任何迹象，其内部也已经发生了改变。我最喜欢的关于成长的例子来自自然界——竹子。在竹子生长周期的前5年，我们几乎看不到任何生长迹象，但它会在之后的6周内突然长到27米！这种自然现象的奇妙之处在于头5年里发生的令人难以置信的内在变化，外界根本看不见。在6周内长高27米可能看起来很突然，实则不然：在这一巨大的、肉眼可见的变化发生之前，其内部一直在进行微小而渐进的改变。当然，你不会花5年时间来观察自己压力的变化，但是竹子是一个很好的例子——即使外部看不出有什么变化，成长正在内部悄然发生。

与压力抗争之初，我从乔恩·卡巴金的一张专辑里得到了慰藉：人们养成新习惯的过程就像培育一个花园。你在花园里播下种子后，会给它们发芽生长的时间；你会温柔地对待这些幼嫩的树苗。请尝试用同样的方式看待你正应用于生活的五次重置，给它们生根发芽的时间。

在缓解压力之旅中，关注进步，忘记完美。完美是一种不存在的假说。你很容易聚焦于最终的目的地——你的MOST目标，却忽略了你在这条路上做的巨大而有价值的工作。你最终会达成自己的理想目标，但你在旅途中踏出的每一步都在帮你减轻压力。

如果你认识到自己已经取得了进步，那么不论大小都要庆祝。庆祝大的胜利很容易，因为它们很容易被看到，但那些小的胜利也是你努力赢得的，更值得庆祝。庆祝自己一直在进步，并保持下去！

完美风暴和雨衣

多年来，我很荣幸地见证了许多患者的转变，他们成了未来的自己。在他们讲述自己的故事时，我最喜欢的是他们"灵光乍现"的那一刻。在那一刻，我真的可以在他们眼中看到希望和顿悟的光芒。我的患者会对我说："内鲁卡医生，你解决了我的压力！"我的回答总是一样的："不，我没有解决你的压力，是你自己解决了你的压力！我只是一面镜子。"我坚信，你有能力治愈自己的压力，我只是作为你旅途中的一面镜子，反映了你所有的进步。我可以为你提供工具、指导和数据，但只有你可以重置自己。

是否行动掌握在你自己的手中，我对你的信任也在你的手中。

本书的技巧旨在逐渐改变你的大脑和身体来减轻目前的压力，学会这些技巧也意味着你在未来能免受压力之苦。生活中不可避免地会遇到意想不到的、具有挑战性的"风暴"，我希望这些技巧可以成为你的"雨衣"，抵御所有追求完美的"风暴"，获得温暖和安全感。

在最艰难的日子里，我希望你记住佩玛·丘卓（Pema Chödrön）这句话："你是天空，其他的一切都只是天气。"

致　谢

《五次重置：如何应对压力和职业倦怠》能够从想法变成实体书呈现给你们，多亏了很多人的帮助。威廉莫里斯公司（WME）的文学经纪人梅尔·伯杰（Mel Berger）——文学经纪人中的翘楚，在我考虑要不要写这本书的近10年的时间里，一直给予我鼓励。HarperOne的编辑安娜·保斯滕巴克（Anna Paustenbach），在我创作的每一个阶段都给予我耐心的指导。哈珀柯林斯、HarperOne和WME的许多工作人员，都为本书倾注了心血，他们是朱迪思·库尔（Judith Curr）、莱纳·阿尔德（Laina Alder）、阿利·莫斯特尔（Aly Mostel）、尚塔尔·汤姆（Chantal Tom）、杰西·多尔奇（Jessie Dolch）、梅琳达·马林（Melinda Mullin）、安·爱德华兹（Ann Edwards）、泰·阿纳尼亚（Ty Anania）等。玛西娅·威尔基（Marcia Wilkie）——我的写作搭档和"书籍治疗师"，帮我把科学变得更人性化，让我在写作过程中保持愉快。罗杰斯和考文（Rogers & Cowan PMK）的罗里·卢萨瑞安（Lori Lousararian）及特蕾西·科尔（Tracy Cole）对本书进行了积极的宣传与推广。我的演讲经纪人珍妮弗·鲍恩（Jennifer Bowen），还有整个莱事务局（Leigh Bureau）团队，感谢你们把我的作品介绍给全世界的读者。感谢我在哈佛大学医学院、贝斯以色列女执事医疗中心和库珀大学医院的导师及同事们——拉斯·菲利普斯（Russ Phillips）、南希·奥里奥尔（Nancy Oriol）、格洛丽亚·叶（Gloria Yeh）、托德·卡普丘克（Ted Kaptchuk）、罗杰·戴维斯（Roger Davis）、凯利·奥兰多（Kelly Orlando）、杰恩·希恩（Jayne Sheehan）、吉尔·郑（Jill Cheng）与郑洪（Hung Cheng）夫妇、维贾伊·拉杰普特（Vijay Rajput）、安娜·赫德利（Anna Headley）和艾德·维纳（Ed Viner）。感谢他们既教会我"治病"，又教会我"医人"。感谢我的患者，照顾他们是我的荣幸，他们也教会了我很多东西。

我的媒体圈的朋友们——阿里安娜·赫芬顿（Arianna Huffington）、伊芙·罗德斯基（Eve Rodsky）、斯韦塔·查克拉博蒂（Sweta Chakraborty）和劳里·西德曼（Laurie Siedman），感谢你们鼓励我要无所畏惧，大胆尝试。我最亲密的朋友们——克里斯汀·赫斯特（Kristin Hurst）、阿拉蒂·卡尔尼克（Arati Karnik）、克里萨·桑托罗（Chrissa Santoro）、舒玛·潘斯（Shuma Panse）、贝雷特·夏普斯（Berett Shaps）、娜塔莉·迈耶（Natalie Meyer）、瑞秋·达里切克（Rachel Daricek）、乔蒂·帕德克（Jyoti Phadke）、黛布拉（Debra）、道格·威廉姆斯（Doug Williams）、贝丝（Beth）和马蒂·马吉德（Marty Magid），感谢你们坚定的友情支持，我得以把梦想变成了现实。我在美国、印度和荷兰的大家庭——内鲁卡家族、瓦兹（Vaze）家族和格雷森（Grayson）家族，感谢你们带给我家的温暖和欢笑。最重要的是，感谢麦克（Mac）和佐伊（Zoe）——我生命中最大的幸福，因为可以和你们分享，我所做的每件事都更快乐、更有意义。

图书在版编目（CIP）数据

五次重置：如何应对压力与职业倦怠 /（美）阿迪提·内鲁卡著；韩英博，王含章译. -- 北京：中国友谊出版公司，2024.11. -- ISBN 978-7-5057-5981-7

Ⅰ. B842.6-49

中国国家版本馆 CIP 数据核字第 20240FP093 号

著作权合同登记号　图字：01-2024-4981

THE 5 RESETS. Copyright © 2024 by Aditi Nerurkar. All rights reserved.

书名	五次重置：如何应对压力与职业倦怠
作者	[美] 阿迪提·内鲁卡
译者	韩英博　王含章
策划	杭州蓝狮子文化创意股份有限公司
发行	杭州飞阅图书有限公司
经销	新华书店
制版	杭州真凯文化艺术有限公司
印刷	杭州钱江彩色印务有限公司
规格	880毫米×1230毫米　32开 9.375印张　210千字
版次	2024年11月第1版
印次	2024年11月第1次印刷
书号	ISBN 978-7-5057-5981-7
定价	69.00元
地址	北京市朝阳区西坝河南里17号楼
邮编	100028
电话	（010）64678009